新编全国旅游院校烹饪专业规划教材

烹饪工艺美术

PENGREN GONGYI MEISHU

何志贵　何艳军◎主　编

高　翔　陈　丽　林信炜◎副主编

北京·旅游教育出版社

责任编辑：郭珍宏

图书在版编目（CIP）数据

烹饪工艺美术 / 何志贵，何艳军主编. -- 北京：
旅游教育出版社，2020.6（2023.8）
ISBN 978-7-5637-4100-7

Ⅰ. ①烹… Ⅱ. ①何… ②何… Ⅲ. ①烹饪艺术－教
材 Ⅳ. ①TS972.11

中国版本图书馆CIP数据核字(2020)第082925号

烹饪工艺美术

何志贵　何艳军　主　编

高　翔　陈　丽　林信炜　副主编

出版单位	旅游教育出版社
地　　址	北京市朝阳区定福庄南里 1 号
邮　　编	100024
发行电话	（010）65778403　65728372　65767462（传真）
本社网址	www.tepcb.com
E - mail	tepfx@163.com
排版单位	北京旅教文化传播有限公司
印刷单位	北京市泰锐印刷有限责任公司
经销单位	新华书店
开　　本	710 毫米 ×1000 毫米　1/16
印　　张	14.25
字　　数	210 千字
版　　次	2020 年 6 月第 1 版
印　　次	2023 年 8 月第 6 次印刷
定　　价	36.00 元

（图书如有装订差错请与发行部联系）

出版说明

　　我国烹饪技术历史悠久，珍馐美馔享誉世界。进入２１世纪以来，随着社会经济的发展和人们生活水平的不断提高，国际化交流不断深入，烹饪行业经历了面临机遇与挑战、兼顾传承与创新的巨大变革。烹饪专业教育教学结构也随之发生了诸多新变化，我国烹饪教育已进入了一个蓬勃发展的全新阶段。因此，编写一套全新的、能够适应现代职业教育发展节奏的烹饪专业系列教材，显得尤为重要。

　　本套"新编全国旅游院校烹饪专业规划教材"是我社邀请众多业内专家、学者，依据《国务院关于加快发展现代职业教育的决定》的精神，以职业标准和岗位需求为导向，立足于高等职业教育的课程设置，结合现代烹饪行业特点及其对人才的需要，精心编写的系列精品教材。

　　本套教材的特点有：

　　第一，推进教材内容与职业标准对接。根据职业教育"以技能为基础"的特点，紧紧把握职业教育特有的基础性、可操作性和实用性等特点，尽量把理论知识融入实践操作之中，注重知识、能力、素质互相渗透，契合现代职业教育体系的要求。

　　第二，以体现规范为原则。根据教育部制定的高等职业教育专业教学标准及劳动和社会保障部颁发的执业技能鉴定标准，对每本教材的课程性质、适用范围、教学目标等进行规范，使其更具有教学指导性和行业规范性。

　　第三，确保教材的权威性。本套教材的作者均是既具有丰富的教学经验又具有丰富的餐饮、烹饪工作实践经验的专家，熟悉烹饪专业教学改革和发展情况，对相关课程的教学和发展具有独到见解，能将教材中的理论知识与实践中的技能运用很好地统一起来。

　　第四，充分体现本套教材的先进性和前瞻性。在现代技术日新月异的大环境下，尽量反映烹饪行业中的新工艺、新理念、新设备等内容，适当展示、介绍本学科最新研究成果和国内外先进经验，以体现出本套教材的时代特色。

第五，体例新颖，结构科学。根据各门课程的特点和需要，结合高等职业教育规范以及高职学生的认知能力设计体例与结构框架，对实操性强的科目进行模块化构架。教材设有案例分析、知识链接、课后练习等延伸内容，便于学生开阔视野，提升实践能力。

作为全国唯一的旅游教育专业出版社，我们有责任也有义务把体现最新教学改革精神、具有普遍适用性的烹饪专业教材奉献给大家。在将这套精心打造的教材奉献给广大读者之际，深切地希望广大教师、学生能一如既往地支持我们，及时反馈宝贵意见和建议。

旅游教育出版社

前　言

从古至今，美作为一种需要一直存在于我们的生活中，伴随着人类文明的进步而发展。烹饪是一门实用的科学，又是一种精妙的艺术，我国素有"烹饪王国"的誉称，烹饪在中华民族文化宝库中是一颗灿烂的明珠。

烹饪工艺美术，是一门研究烹饪造型的视觉艺术，是运用烹饪艺术所需要的美术原理，研究以使用为目的色彩、造型的表现艺术。

《烹饪工艺美术》是为了满足烹饪教育的需要，以中、高职、应用型本科旅游院校烹饪专业学生为主要读者群，为培养烹饪应用型人才而出版的专业实践课程教材。本书是全国烹饪专业系列教材，书中系统地介绍了烹饪中的色彩、图案、造型，食品雕刻中的动物、花卉等的造型，拼摆工艺等基础技能、技法。这些技能、技法广泛应用于宴席布置、菜肴造型、餐厅装饰等方面。本书贯彻了科学性、实用性、先进性、规范性原则，针对行业需要，以能力为本位，以就业为导向，以学生为中心，重点培养学生的综合职业能力和创新精神。同时吸取了烹饪实践中的最新知识和技能，注意知识的应用性和可操作性。

本教材的完成得到了扬州大学旅游烹饪学院的大力支持，事实上母校近40年来一直引领烹饪高等教育的发展，取得了丰硕的成就，培养了一大批烹饪学者和行业骨干。本书中引用的部分资料是我在扬州大学读书期间专家授课笔记进行整理。本教材由桂林旅游学院何志贵教授任第一主编、广西商业技师学院何艳军任第二主编。惠州城市职业学院高翔任第一副主编、广西商业技师学院陈丽任第二副主编，桂林旅游学院林信炜任第三副主编。绪论、第4章由何志贵编写，第2、3章由何艳军编写，第1章由高翔编写，第6章、第7章由陈丽编写，第5章由林信炜编写。

在本教材的编写过程中，我们参阅了大量的文献资料，使编者在编写教材过程中得到了很大启发，特别感谢扬州大学旅游烹饪学院对本教材撰写的过程中给予的各种帮助和指导，感谢广西商业技师学院陆燕春院长的支持，感谢桂林旅游学院休闲与健康学院曾朝晖书记对本教材的支持，感谢扬州大学周明扬教授的指导与帮助。

谨以此书献给桂林旅游学院三十五周年华诞！愿地处美丽的相思江畔的她成为国内外旅游教学、研究的重镇！

由于时间仓促，编者水平有限，书中疏漏之处在所难免，恳请读者和专家指正。

何志贵

2020 年 6 月

桂林旅游学院休闲与健康学院

桂林旅游学院食品加工与营养健康中心

目　录

绪　论……………………………………………………………………… 1

    一、烹饪美术的起源 …………………………………………………… 1

    二、烹饪工艺美术的特征 ……………………………………………… 2

    三、学习烹饪工艺美术的重要性 ……………………………………… 3

第一章　烹饪美感的构成 ………………………………………………… 5

    第一节　形的美感 ……………………………………………………… 6

        一、自然形的美感 ………………………………………………… 6

        二、模仿形的美感 ………………………………………………… 6

        三、几何形的美感 ………………………………………………… 7

        四、雕塑形的美感 ………………………………………………… 8

    第二节　色的美感 ……………………………………………………… 11

        一、色彩的冷暖美感 ……………………………………………… 11

        二、色彩的表情美感 ……………………………………………… 12

        三、色彩关系的美感 ……………………………………………… 13

        四、色调的美感 …………………………………………………… 15

        五、色彩美感的本质 ……………………………………………… 17

    第三节　香的美感 ……………………………………………………… 17

        一、香、臭的辩证史 ……………………………………………… 17

        二、香的来源 ……………………………………………………… 18

        三、香的种类 ……………………………………………………… 18

第四节 味的美感 …………………………………… 20

一、基本味的美感 …………………………………… 20

二、复合味的美感 …………………………………… 21

三、味美四原则 …………………………………… 24

四、味感的高级效应 …………………………………… 25

第五节 质的美感 …………………………………… 26

一、各种口感 …………………………………… 26

二、质感的风格 …………………………………… 28

三、质感的本色美 …………………………………… 28

四、助清吟、益清识 …………………………………… 28

第六节 意的美感 …………………………………… 29

一、意匠的美感 …………………………………… 29

二、意趣的美感 …………………………………… 31

三、意境的美感 …………………………………… 32

第二章 烹饪色彩 …………………………………… 35

第一节 色彩基础 …………………………………… 35

一、色彩的产生 …………………………………… 36

二、色彩三要素 …………………………………… 36

三、色彩与心理 …………………………………… 40

四、色彩的配置 …………………………………… 42

五、色彩配置的技巧 …………………………………… 42

第二节 菜点色彩 …………………………………… 43

一、自然色 …………………………………… 44

二、人工色 …………………………………… 45

第三节 色彩的运用 …………………………………… 47

一、热菜色彩 …………………………………… 47

二、冷菜色彩 …………………………………… 49

三、面点色彩 …………………………………… 50

四、菜肴的色调处理 …………………………………… 53

第三章　烹饪图案 ·································· 56

第一节　图案的写生 ······························ 56

第二节　烹饪图案的构图 ························ 58

第三节　烹饪图案的变化 ························ 61

　　一、烹饪图案变化的目的与要求 ········ 61

　　二、烹饪图案变化的方法 ················ 61

第四章　食品造型艺术 ·························· 66

第一节　食品造型图案变化 ···················· 67

　　一、烹饪图案变化的规律 ················ 67

　　二、烹饪图案变化的形式 ················ 67

第二节　冷菜造型艺术 ·························· 71

　　一、冷菜造型的形式 ······················ 72

　　二、冷菜造型的设计 ······················ 72

　　三、冷菜造型的制作 ······················ 74

　　四、冷菜造型的步骤 ······················ 74

　　五、烹饪原料在造型中的应用 ·········· 77

第三节　热菜造型艺术 ·························· 78

　　一、自然形式 ······························ 78

　　二、图案形式 ······························ 79

　　三、象形形式 ······························ 84

第四节　面点造型艺术 ·························· 86

　　一、面点造型艺术特点 ·················· 86

　　二、面点造型艺术的要求 ················ 89

第五节　食品雕刻造型艺术 ···················· 91

　　一、食品雕刻的应用范围 ················ 91

　　二、食品雕刻的作用 ······················ 92

　　三、食品雕刻的步骤 ······················ 92

　　四、食品雕刻的原料 ······················ 93

　　五、食品雕刻技艺 ························ 96

第六节　糖塑造型艺术 …………………………… 107

一、糖塑的应用 …………………………………… 107

二、糖塑的主要原料 ……………………………… 108

三、糖塑的工具及使用 …………………………… 109

四、熬糖的方法 …………………………………… 110

五、糖塑作品制作技法 …………………………… 112

六、糖塑作品制作的步骤 ………………………… 113

七、糖塑作品的保存方法 ………………………… 114

第七节　菜肴盘饰艺术 …………………………… 114

一、菜肴盘饰的概念及作用 ……………………… 115

二、菜肴盘饰的原则 ……………………………… 116

三、菜肴盘饰的类型 ……………………………… 117

第五章　餐饮环境装饰和布置 …………………… 127

第一节　餐饮装饰和布置的内容 ………………… 127

一、餐饮装饰和布置的地位与作用 ……………… 128

二、餐饮环境装饰和布置的基本思想 …………… 128

第二节　餐饮照明艺术 …………………………… 131

一、餐饮照明的作用 ……………………………… 131

二、照明方式和照明种类 ………………………… 132

三、照明设计的基本原则 ………………………… 135

四、灯具的形式与选择 …………………………… 136

第三节　餐饮家具布置 …………………………… 138

一、家具的形成和发展 …………………………… 138

二、家具的种类和用材 …………………………… 143

三、家具的选择与布置 …………………………… 144

第四节　餐饮陈设 ………………………………… 146

一、餐饮陈设在室内装饰中的作用 ……………… 146

二、餐饮室内陈设布置原则 ……………………… 148

三、餐饮陈设品的选择 …………………………… 148

四、陈设品的布置 ··· 150

第六章　烹饪饮食器具造型艺术 ·································· 157

　第一节　中国饮食器具美 ·· 158

　　一、陶器时期 ·· 158

　　二、青铜器时期 ·· 161

　　三、漆器时期 ·· 163

　　四、瓷器时期 ·· 164

　　五、现代中国餐具的发展方向 ·································· 167

　第二节　饮食器具的美学原则 ···································· 168

　　一、饮食器具的实用与审美特征 ································ 168

　　二、处理好多样统一关系 ······································ 169

　第三节　菜肴造型与盛器的选择 ·································· 170

　　一、盛器的种类 ·· 170

　　二、盛器的选择 ·· 173

　第四节　饮食器具的造型分类 ···································· 177

　　一、酒具 ·· 177

　　二、茶具 ·· 178

　　三、食具 ·· 180

第七章　宴会设计 ··· 184

　第一节　宴会环境布置 ·· 185

　　一、宴会对环境布置的要求 ···································· 185

　　二、宴会环境布置的优势 ······································ 185

　第二节　宴会台面种类与台型设计 ································ 186

　　一、宴会台面的设计 ·· 186

　　二、宴会台型设计 ·· 189

　第三节　花台艺术设计 ·· 193

　　一、花台制作的步骤 ·· 194

　　二、花台的意义 ·· 195

三、花材色彩的调配 ················ 196

四、宴会插花 ···················· 197

第四节　展台艺术布置 ·············· 200

一、展台的类型与布置要求 ·········· 200

二、展台的环境布置形式 ············ 201

第五节　宴会娱乐设计 ·············· 202

一、宴会的娱乐设计 ··············· 203

二、宴会服饰设计 ················ 208

参考文献 ························ 214

绪　论

一、烹饪美术的起源

中国烹饪历史悠久，源远流长。烹饪的开始，也就是人类文明的开始。随着烹饪的不断发展，烹饪艺术已越来越明显地表现出来。追溯其历史发展，应该从古人对食品的美化说起。

1977年，在浙江省余姚县河姆渡发现的新石器时代遗址，据科学测定，距今约7000年左右，发掘出土的陶器中有"猪纹方钵"和陶盆稻穗纹样图案，图案纹样清晰可见，反映了新石器时代原始人类共同的需要，描述了他们的食物来源，反映了当时的烹饪技术已经达到相当高的水平。先秦时，孔夫子提出"割不正不食"的标准，他要求切肉要切得方方正正，没有拳头大的鸡雏不吃，这是孔子对菜肴造型的严格要求。《管子·侈靡》云："雕卵然后瀹之，所以发积藏，散万物。"这大概就是我国食品雕刻的较早记载吧。古人对美的事物的解释是基于饮食。善即美的观念在我国古代文献中有大量记载。《论语·子路》篇曰："善居室……富有，曰：'苟美矣'。"《孟子·告子章句上》曰："五谷者，种之美者也。"

汉代许慎在《说文解字》中指出："美，甘也，从羊，从大。羊在六畜，主给膳也。美与膳同意。"从字源学考证："羊大"即"羊人"。"大"者，人四肢伸展之状也。因此美的概念早期是指人戴着羊头面具，伸展四肢，自由自在地舞蹈的形象。为什么要戴羊头？因为羊不仅可供人食用，人们还可以用羊头作为伪装，引诱猛兽，以便围歼而猎食之。原始人在猎获猛兽以后，围着火堆，烤熟兽肉，品尝着美味，回忆起戴着羊头狩猎的情况，不禁手舞足蹈，相与唱和，这既是音乐、舞蹈的起源，又是美的观念、形态的起源，也是"对酒当歌"的宴饮方式的起源。羊是人类最早的牧养动物之一，又肥又大的羊味道甘美，能满足人们食物上的需要，因此，它是善的、美的。《汉书·食货志下》中有饮酒为"天下美禄"的记载。到了晋代，食品雕刻已较普遍。唐代杜甫诗《丽人行》中写道：

"紫驼之峰出翠釜，水精之盘行素鳞。犀箸厌饫久未下，鸾刀缕切空纷纶。"讲究盛具与食物的搭配，实际上就是注重菜的色彩和造型。宋代有"雕花蜜煎一行"十二味，此时已将雕刻原料发展至蜜饯果品。宋谢益斋命仆人剖瓜做酒杯，在香瓜上刻上花纹。宋代苏州尼姑梵正利用各种精制的腌鱼、炖肉、肉丝、肉脯、肉糜、酱瓜、菜蔬等红、黄、绿各色原料，以唐代诗人王维隐居的别墅"辋川"为造型，制作大型冷盘，拼摆出山水、花木、庭园、房舍、山石等，景色秀丽，造型逼真，把自然美与艺术美结合在一起，成为烹饪造型艺术的精品。北宋文学家苏东坡是众所周知的烹调专家，他烹制的菜肴不但讲究火候，更注重色彩和造型的美观。明、清时期，扬州出现了瓜雕的热潮。以后在西瓜灯的基础上又发展出瓜刻，将西瓜刻成花瓣，表皮刻上山水、人物、动物、花鸟、草虫，内外套环，以增加立体感，其形式多样，千变万化，妙趣横生。

烹饪是文化，是艺术，在我国浩瀚的历史长河中，人们对饮食美的追求不乏其例，在这里我们不想考古论史，只求通过一些史例，从不同的角度来反映烹饪美术的源远流长，说明烹饪美术的作用及其对后人的影响。随着人们对美的追求向着纵深方向发展，烹饪工艺美术也就应运诞生了。

二、烹饪工艺美术的特征

烹饪工艺美术，是研究以食用为目的的色彩和造型的表现艺术，是实践烹饪技术所需要的全部美术原理，是美化、提高了的烹饪技术。主要研究内容包括：色彩应用学、造型艺术学、文学、心理学、审美学、历史学和高超的烹饪科学技术。这门学科是一门综合性很强的边缘学科，若能得到广泛研究和应用，将会给中国菜肴带来新的面貌。

烹饪工艺美术，属于实用工艺美术的范畴，而且是一种特殊的实用工艺，它有自己的特点和创造规律。菜肴造型的主要宗旨是：以欣赏促食欲，在食者进行美的艺术享受的同时，增加美的食欲享受。中国烹饪的色、香、味、形、质、意六大属性，既紧密联系又各自呈现。色、形同属视觉艺术的范畴，其先于质、味出现，又最先映入食者的眼帘，可谓先色后形，先形后味。色和形，是烹饪的"仪表"和"容貌"，属于艺术的表现部分。质和味，是烹饪的"骨骼"和"血肉"，是组成和支撑这些表现部分的实体。

烹饪工艺美术的第一个特点是：不但要研究筵席菜点的艺术造型和色彩处理，还要研究达到并保证这种艺术表现的烹制工艺及相互关系。例如，在菜肴造型中，既要塑造生动优美、色彩鲜艳的形象，又要研究构成形象的鲜嫩原料、优美调味和制作工艺。总之，一切形式和内容都要围绕食用设计。因此，以食用为目的美化筵席菜点，是烹饪工艺美术的主要特点。在烹饪实践中，应制作出高水平、人们喜闻乐见的艺术形象，如龙、凤、花鸟、景物、器物等，来感染食者，刺激食欲。组成这些艺术形象的原料必须是美味的，制作这些形象的工艺必须是合理的，这样才能使烹饪艺术造型取得最佳的食用效果。否则，其造型再优美，色彩再华丽也无实际意义，因为它脱离了烹饪工艺美术的主要宗旨和特点。

烹饪工艺美术的第二个特点是：构成烹饪工艺造型的内容必须是食用原料，烹饪工艺美术既不像绘画，可采用各种丰富的色彩颜料调配涂抹，也不像工艺雕刻，可采用各种材料随意凿琢。它必须选用各种可食用的美味原料，塑造出形形色色的艺术姿态和精美图案。烹饪中出现的各种艺术形象，都是选用理想的美味原料，经过严格的制作工艺和艺术处理再现的。

烹饪工艺美术的第三个特点是：严谨概括的造型手法。食物的艺术造型，大多采用鲜嫩的动植物原料。为了保证质量和卫生，要充分利用经过消毒的工具、模具进行处理，尽量减少手触。在制作中要求厨师有严格的形象概念和娴熟的表现手法，抢时快制，形象塑造力求简练概括。

用食用原料塑造和表现艺术形象与色彩，并赋予美味，是烹饪工艺美术的主要任务，也是烹饪工艺美术的明显特点。

三、学习烹饪工艺美术的重要性

人总是爱美的。烹饪是人类社会活动中一种极重要的基础活动，更离不开美。人类爱美，需要美，为此，从事烹饪工作需要学习、掌握烹饪工艺美术技艺。

（一）学习烹饪工艺美术，可以更好地弘扬中国饮食文化传统

中国是有五千年历史的文明古国，中国烹饪文化是民族文化的宝贵遗产，是我国各族人民几千年来辛勤劳动的成果和智慧的结晶。饮誉全球的中国烹饪艺术，科学地总结了多种相关学科的成果和知识，并且日益发展成为一种愈来愈精密的综合性实用艺术。在烹饪艺术中，蕴藏着民族的审美心理和审美趣味。因此，学习烹饪工艺美术是对我国传统的烹饪文化的弘扬、继承和发展。

（二）学习烹饪工艺美术，是适应改革开放形势下烹饪技艺发展总趋势的需要

随着我国现代化建设事业的不断发展，改革开放政策的深入贯彻，市场上的商品丰富了，人民的生活条件改善了，人们需求的满足程度也得到较大的提高，

生活从温饱型向小康型发展。"吃要讲营养"，人们上市场买菜买副食品，非新鲜的不买，鱼要活蹦乱跳，鸡鸭要当场宰杀，蔬菜要青翠欲滴，要吃新鲜，吃本味，吃花样。人们越来越需要用现代营养卫生科学知识烹制美馔佳肴，越来越讲究菜点的精美工艺。随着时代的前进，人们的饮食观也在发生变化。美食，已不只是为了生存的需要而填饱肚皮，它的目的还有友谊和庆贺，是美化生活的艺术活动，是追求艺术享受和精神愉悦。现代生活中，人们的交往越来越频繁，交际友谊少不了烹饪艺术；国与国之间加强了解，地区与地区、企业与企业之间加强经济联系，也借助于烹饪艺术；调剂人们日常生活，增添家庭欢乐情趣，往往依靠烹饪艺术。学习烹饪工艺美术，就可以适应烹饪技艺发展总趋势的需要。掌握了筵席设计、美馔设计、菜单设计等应用技艺，懂得了对称、调和、节奏、均齐及多样统一等形式美法则，就能制作出适合人们需求、受人们喜爱的佳肴。

（三）学习烹饪工艺美术，可以增长人们的烹饪审美能力和鉴赏能力，提高审美情趣和精神素质

人要全面发展，包括德、智、体、美各个方面。德育引导、智育增长、体育锻炼与美育陶冶是统一的，密不可分的。审美教育的着眼点，就是要培养和提高人们的审美能力、审美情操和审美创造力。学习烹饪工艺美术，可以引导和帮助人们树立正确的审美观念和提高审美情趣。美馔佳肴是具体、形象、鲜明的实用艺术，饮食烹饪充满着浓厚的生活情趣和生活气息。用正确的观点认识、理解烹饪美，可以唤起人们对美好事物的审美情思及其追求，培养人们对真正有意义的生活的审美感受力。学习烹饪工艺美术，可以培养人们的审美鉴赏力和良好的艺术修养。在烹饪审美教育中，分析、鉴赏受人民大众喜爱的美馔佳肴，能够受到艺术形象的感染，引起情感的共鸣。在审美享受中，心灵得到陶冶，艺术修养得到提高。学习烹饪工艺美术，可以指导人们参与烹饪实践活动，不断培养人们的审美表现力和创造力。良好的审美活动，可以使人们情绪饱满，积极向上，对促进人们的身心健康和智力发展有很大的好处。优美的烹饪审美情趣必然发展为对烹饪事业的热爱，对烹饪专业知识和技能的渴望与追求，从而积极参与烹饪实践和创造性的艺术活动。这种创造性的烹饪艺术劳动，既能展示烹饪美，也能反映出人们的审美取向和审美心理，培养人们对美的表现力和创造力。

第一章

烹饪美感的构成

学习目标

➤ 应了解、知道的内容：

　　1. 色彩的表情美感　2. 香的来源　3. 香的美感　4. 雕塑形的美感

➤ 应理解、清楚的内容：

　　1. 色调的美感　2. 质感的本色美

➤ 应掌握、会用的内容：

　　1. 自然形的美感　2. 色彩美感的本质　3. 几何形的美感　4. 香的种类

➤ 应熟练掌握的内容：

　　1. 色彩的冷暖美感　2. 模仿形的美感　3. 色彩关系的美感　4. 质感的风格

　　饮食烹饪美感的横向构成，包括色、香、味、形、质、意等六个成分，亦即是说，这六者构成了饮食烹饪美感横向上的全部内涵；甚至还可以说，这六个方面就是美食的六个标准。这六个构成要素中，色、香、味、形、质五个方面均由饮食烹饪的本身产生，亦即美食的本义，而意却是烹饪和文学、语言、乐、舞、景等因素产生的综合性美感。以上六内容，见图1-1。

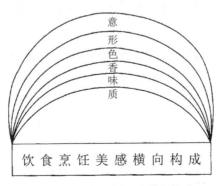

图1-1　饮食烹饪美感横向构成

第一节　形的美感

形的美感，是指食品造型引起的审美反应。从审美生理—心理效应的角度，来讨论各种形态美的特点。

一、自然形的美感

先谈自然形态美感：一盘"盐水大虾"或是"烤乳猪""清蒸鲈鱼""樟茶鸭子"之类，都是以自然形（保持原形）取悦于人的。这一类美感的特点是形象完整、饱满，能使人想象起它们的自然形，并从中产生一种欣喜感。车尔尼雪夫斯基曾说过，美是我们希望的那种生活。又说，任何东西凡是显示出生活或使我们想起生活的，那就是美的。自然形的食品，正是具有这个特点。

二、模仿形的美感

再谈模仿自然形的美感：有一种清宫大月饼，径二尺许，重约 10 公斤，圆形美观，纹饰精丽。图案最外层为花叶蓓蕾形，第二层为良田沃土状，第三层作八宝图案，内正中琢月宫图。图上有殿一座，楼上"广寒宫"三字工整清秀。楼下殿门两旁，隔扇雕窗，框亮窗明。殿正中，帘幕低垂，锦带微拂。殿前玉阶，洁白无瑕，台阶清晰可辨，殿旁那棵参天桂树，枝叶繁茂。立于桂荫之下的玉兔，高大翩然，嘴颊两旁的丝丝银须，根根可见。玉兔正双手握杵，诚捣仙药。近辨药白，内中尚有服之可长生不老的灵芝与瑞草。这幅图形，运用浪漫主义手法再现了神话故事，是一件巧夺天工的艺术品。这中间的花叶蓓蕾、良田沃土、广寒宫、桂树、玉兔、灵芝、瑞草都是模仿自然形，它能给人一种逼真酷似的惊奇感和喜悦感。同时还能引起丰富的想象，犹如亲临其境，亲见其物，产生亲切和喜悦感情。又如"萝卜雕菊"，借助精湛的刀工技术可以与真菊媲美，使人产生真假不辨的审美效果。"蝴蝶冷盘"的图案，酷似真蝶，"金鱼拼盘"简直有盘中观鱼的效果。再现作品的美感，虽然是通过酷似逼真这个基本手段来实现，但它依然是区别于自然，甚至可以高于自然的，从本质上讲，它是一种艺术美感，而不是自然物的美感。这中间，"似"——固然能引起一种惊奇和喜悦，然而更重要的是"不似"——只有它，才能给人以丰富的联想和意蕴，使惊奇和喜悦得到升华，成为真正的美感。如"孔雀拼盘"，图形逼真地再现了孔雀开屏的姿态，羽毛、身子栩栩如生，然而细审之后，就觉得它只是艺术的"似"，这种"似"经过了艺术的再创造，更能体会出创造者的智慧、意蕴，所以"孔雀拼盘"引起的美感与一只真孔雀落在盘中是大不一样的。

三、几何形的美感

几何形或称抽象形的美感，这类有规律的组合形态，普通的美学原理书上讲得很多。每一种几何形都有特殊的美感效应，例如：直线表现力量、稳定、生气、刚强、挺拔；曲线特别是蛇形曲线表现柔和、运动、变化、优美；折线表现气势、断续；垂直线表现严肃、庄重、稳定、均衡；斜线表现兴奋、冲动、不稳定；正三角形表现稳定、上升，倒三角形恰恰相反；圆形早在古希腊时代，就被认为是最美的平面形，它表现完美、柔情、饱满；四边形表现公正、严峻、稳重、厚实；菱形、多边形显得相当活跃，富于变化；放射形热情奔放、充满活力；球形，特别是菠萝形，被英国美学家荷加兹认为是最美的立体，显得优雅、适中、单纯、可爱；圆锥形、金字塔形显得稳定而不沉重；对称图形，显得均衡、完善；比例，特别是"黄金比"（5∶8）的运用，被公认为既有平衡感而又有变化感，是最美的比例，等等。几何形构成的食品同样含有上述效应。如"一品盘"盘子外形是八角形，盘中间是小八角，两个八角形之角用四条直线分隔，空处盛食品。食品形呈长方形，或呈三角形，相互交错，盘中央的食品摆成八卦图。整个"一品盘"显得充实、饱满、生动、富有动化，而且很有特色。"象眼鸽蛋"呈八角形，图形本身就具有一种热情奔放的魅力。"云片鸽蛋"的图形，由两个部分构成，一是圆形，一是曲线，二者都属优美形，组合在一起，效果更强烈。一盘"荷花鸡茸"（湖北菜），由十个小圆形构图，放在一起，玲珑可爱。"螺蛳五花肉"（湖北菜），由十几个五边形的五花肉构图，显得整齐而有力量。山东菜"扒牛肉条"，四川菜"白汁鱼唇"，全是整齐的长方条，造型刚健而有力量。福建菜"凉冻金蛊鸡"，全是菱形花形，俏丽多姿，柔中带刚。广东菜"植物扒四宝"，图案典型，像一朵盛开的葵花，饱满热烈，富有生机。川菜"扇形豆腐"，给人以简洁、明快、大方的美感。自然形、模仿形，都是以具体、生动的形象见长，属于再现性美感；几何形、抽象形，却以纯粹的形式感见长，属于表现性美感。（再现与表现，当然不能截然分家，一般说来，再现中也含有表现成分，反之亦然。）这两类美感的区别在于，再现性美感是以逼真的形象为核心，再通过想象的环节产生出来的，而表现性美感是通过形式感本身的表情性直接引发的，一般来说，并不需要插入形象想象这些内容。为什么说形式感自身就有表情性呢？这个问题很复杂，目前较好的解释是格式塔心理学原理，这个原理简单地说，就是几何、抽象形实际上都是一种物理的"力的式样""力的结构"。人类情感也是个"力的结构"，这二者如果在结构上类似或称"异质同构"，就会发生生理—心理感应和共鸣，这就是几何、抽象形乃至一切形具有表情作用的深层心理。英国美学家弗莱（1866—1934）、贝尔（1881—1966）称纯粹的形式感为"有意味的形式"，断言形式的组合关系本身就是一个情感世界。为什么会有这个事实，弗莱、贝尔都不能解释它。国内美学家李泽厚认为，这是历史的"积淀"作用。他在《美的历程》中说："正因为似乎是纯形式的几何线条，实际是从写实的形象演化而来，其内容（意义）已积淀（融合）在其中，于是，才不同于一般形式、线条，而成为'有意味的形式'。也正由于对它的感受有特定的观念、想象的积淀（融合），才不同于一般的感情、感性、感受，而成为特定的'审美感情'。"关于表现性美感的根源，只能谈到这里了。

四、雕塑形的美感

雕塑形的食品，主要是面点和凉菜（此外还有饮食器具）。我国著名雕塑家钱绍武认为：雕塑家就是要善于组织体积，使它形成某种力量，某种感觉，某种韵律；要使体积组合得有对比，而且很强烈。还认为，雕塑语言有两个特点：第一个是讲究影像（所谓影像就是立体塑像在看得见的空间里留给人的大体轮廓），第二个是组织突出点（即把最有表现力的部位加以突出）。钱绍武的这些雕塑美学观，同样适用于食品雕塑（包括食品雕刻）。食品雕塑的美感产生于食品雕塑的语言，有什么样的雕塑语言，就能产生什么样的美感。流传了很久的粽子给人以朴素、充实的美感，珍珠汤圆给人以小巧玲珑、晶莹洁净的美感，关西大馍馍显得粗犷有力，质朴大方……高明厨师更是用菜刀、刻刀，塑造出各种各样的生动的形象，有雕花、雕鸟、雕兽、雕人，还有抽象造型。唐人的《酉阳杂俎》上载有"赍字五色饼"，文曰："赍字五色饼法，刻木莲花，借禽兽形按成之，合中累积五色。"可见，食品雕塑历史相当悠久。各种各样的形象产生的美感有两个基本的内涵，一个是形象自身的生动、逼真产生的意趣巧智，另一个是形象特有的象征性暗示的情感、伦理、思想内涵。前者如冷菜"鲜虾玉兔"中的玉兔，个个姿态各异，颇能给人以夺真之感。一盘"朝霞映玉鹅"更是形象、意趣俱佳，令人遐想不已……后者如：

花：牡丹——富贵　　　　　　梅花——耐寒
　　菊花——傲霜　　　　　　荷花——高洁

玫瑰——爱情	兰花——深沉
葵花——忠诚	桃花——热烈
其他植物：竹——虚心、高洁	松树——常青、豪迈
鸟：孔雀——华贵	喜鹊——喜庆
白鹤——超逸、长寿	鸳鸯——爱情
鸽子——和平、安宁	燕子——希望
动物：牛——忠诚	马——勇敢
鹿——善良	熊猫——友谊
大象——沉静	狮虎——威武
龙——高贵	凤——吉祥
蝴蝶——多福	金鱼——富裕

以上这些形象又互相组合，构成表现主题的食品，如"龙飞凤舞""二龙戏珠"给人以奔腾、热闹的感觉，有浓厚的民族色彩，催人奋发，预祝事业兴盛。"鲤鱼跃龙门"给人欢腾热烈的感觉，能给人增添活力。"龟鹤千年"寓意健壮、长寿，给老人带来了良好的祝愿。还有"看台"的摆饰，更是气象不凡，成了赴宴者审美注意的中心，给人的美感往往是多方面的。烹调家雕塑食品如雕刻家一样，讲究表现手法。不同的手法，同样能达到不同的美感效应。整雕（圆雕）有完整感，可以作面面观，如"孔雀开屏"，突出部位在孔雀头上，引吭高歌，令人注目；凸雕（浮雕）形体不仅有饱满感，还仿佛有凸现的动感，如"酿西瓜"凸出部分雕成花鸟；凹雕（阴刻）侧重线条造型，显得深沉含蓄，如"灯笼鸡""冬瓜盅"镂空不仅奇巧，而且有虚实相生的空灵感……各种刀法也能各呈千秋，给人美感，如曲线细条刻的菊花，给人以柔美、轻快的感觉，而直线平刻的松针之类，给人感觉正好相反——刚美、潇洒。其他还有翻刀刻、叠剪刻等，效果也不一样。

俗话说，烹调师的菜刀是画笔，也能在食物造型上追求画境，事实正是如此。据记载唐代有大型冷拼盘《辋川小样》，据说是模仿唐代诗人王维的《辋川图二十景》制作的，用脯、酱瓜、蔬笋等各色相间而剞成的景物，一客一份，若坐满二十人，便合成辋川全景。这样王维的画意，就化成了食品所含的意蕴。人们在餐桌目睹这幅立体化的名画不禁喜出望外，拍案叫绝了。四川特级厨师张国栋在一次给青年厨师讲课中，谈到他创作"推纱望月"工艺菜的经过时说："我有一次看戏，看见一个推纱望月的表演场面，我感到这个场面十分优美而有诗意，所以我就用竹荪为纱、用鸽蛋为月，用高级清汤为天空，配以窗花创作了

'推纱望月'这个工艺菜。"张国栋的"推纱望月",呈现朦胧、清幽的画意,不失为烹饪造型的高雅之作。

上面我们说了外形的美感,除此之外,食品造型还有一个内在形式关系问题,对称、对比、均衡、重复、节奏、虚实、奇正、参差;此外,还有形式组合的三个基本规律:整一律、主从律、多样变化中的统一律等。这些内在的形式关系都是建立在一定的生理—心理基础上的(这个问题可参考陈国昭《论形式感》,载于《硕士学位论文集·美术卷》),因而本身就能激起一种审美感情。关系不同,对应的审美感情也不同。根据目前对形式感的研究,大致是这样的:

对称——安静、和谐、端庄、严肃、镇定、沉静

对比——多样、生动、活泼、华美、强健

均衡——稳定、安宁、深沉

黄金比例——和谐、主动、折中、柔情

重复——有趣味和力量、富节奏感、热烈、奔放

节奏——视节奏形式而定,或昂奋、欢快,或庄重、严肃

虚实——空灵、生动,容易激发想象

奇正——生动、谐趣

参差——活泼、变化、热烈

整一律——统一、力量、丰满

主从律——突出、感受强烈、简洁、规整、明快

多样变化中的统一(最高的形式美)丰富多彩、趣味浓厚。

这些形式感在我们食品造型中也是常见的。如冷菜"飞燕迎春"(福建)用对称造型,"植物扒四宝"(粤菜)用的是均衡造型,"镜箱豆腐"(江苏)在造型上显示了整一律的效果,"南排汁烩"(川菜)造型富于变化但又显示了统一的效果,等等。

归纳起来讲,形的美感可以分两个基本的方面:具象的(原形或再现);抽象的(几何形和内部形式规律)。具象的美感,先是视觉感的惊喜,然后就是想象参与引起情感效应。抽象的美感则先是视觉形式感,然后是心理上的同构效应,再由此激起情感。前者是外向性的,后者是内向性的。形的美感的深刻根源,在于人的自身。

第二节　色的美感

马克思说过："色彩感觉在一般美感中是最大众化的形式。"人类生活在一个五彩缤纷的世界，天天都与色彩打交道：蔚蓝的晴空、翠绿的草地、金黄的谷粒、银白的棉朵；苍郁的树木、白雪皑皑的高山、姹紫嫣红的花朵、青砖红瓦的屋宇……大自然把色彩世界赐给了人类，人类又把自己双手创造的人工的色彩世界归还给了大自然。各色食品的色彩，就是这人工的色彩世界之一。所谓"众色成文"，它同样是璀璨绚丽、丰富多样，令人赞叹不绝。可以毫不夸张地说：中国烹饪已形成自己独特的烹饪色彩系统。

历来研究色彩的著作很多，有关色彩的理论也有好几个学派，好在食品的色彩与绘画所讲色彩原理是相通的，为了有针对性，我们只谈以下几个问题。

一、色彩的冷暖美感

色彩冷暖，亦即色彩的温度感。色性的产生主要是人们的一种心理感受（从科学上讲，色彩的温度感也有一定的物理依据），由于人类对自然界客观事物的长期接触和认识，积累了生活的经验，由色彩产生了一定的联想，又由联想到有关的事物产生了温度感。如由红色联想到火、太阳，因而有了温暖感，由蓝色联想到海水、碧空，因而有了寒冷感等。在色彩的各种感觉中，温度感占着最重要的地位。色彩的调子，主要就是冷暖调子，它分为两大类。就七个标准色来说，在光谱中近于红端区的红、橙、黄为暖色；接近紫端区的青、蓝、紫为冷色；绿是冷暖的中性色。但是，在具体色彩环境中各色彩的冷暖并非这样简单，两种色彩的互比，常常是决定冷暖的主要因素。例如，黄色对于青、蓝而言，它是暖色，而对于红、橙而言，它又偏冷了；紫色在红色环境里属冷色，而在绿色环境中又成了暖色；群青与普蓝并置，群青便具有暖色意味。所以，确定具体色彩的冷、暖必须注意色彩环境的相互作用。所谓冷、暖都是互为条件，互相依存的。在感情色彩上，暖色与热情、乐观、兴奋相关，而冷色则与深沉、宁静、健康相关，这是显而易见的。湖南菜"麻辣子鸡"属暖色菜，显得热情奔放，尤其是那些红辣椒，犹如火苗一样，在菜肴中跳跃。相反，江苏菜"鸡油菜心"属冷色菜，显得宁静、淡雅、平和多了。更常见的是冷暖相间、相得益彰，如广东菜"鲜莲冬瓜盅""鸽蛋大乌参"等色彩除了冷暖感外，还有胀缩感、距离感、重量感等。一般说，暖色系具有胀、近、轻的感觉，称为积极色；而冷色系则具有缩、远、重的感觉，称为消极色。在饮食烹饪审美中，也应注意这些因素。

二、色彩的表情美感

色彩的表情性，是一个复杂的问题。我们分几个方面谈。从色性的自身素质来说，各色相的兴奋程度如下：

黑、白、灰三色：

其余各标准色：

兴奋色，属于积极色；沉静色，则属于消极色。归纳起来，几种主要色彩的美感如下：

（1）白色：给人以贞洁、软嫩、清淡之感。如，芙蓉鸡片，糟熘三白，奶汁白菜、赛银鱼等。而白色带油光时，则常给人肥浓的感觉。如，明油亮黄（白黄）。

（2）红色：是与味道极为密切的颜色，给人以热烈、激情奔放、美好之感，同时味觉鲜明，使人感觉到浓厚的香味和酸甜的快感。如，樱桃肉、茄汁鱼、茄汁肉饼、香肠等。

（3）黄色：给人以温暖、高贵的情感，同时又多有清香鲜美的感觉。其中，金黄、深黄最明显，淡黄、橘黄次之。金黄色的，如干炸虾段、菊花圆子、干炸肉饼等。深黄色的，如黄焖鱼、香酥鸡一类。淡黄色的，如蒲苏里脊等。

（4）绿色：明媚、清新、鲜活、自然，是生命色。有淡绿、葱绿、嫩绿、浓绿、墨浓之分，再配以淡黄则更觉突出。如，炝芹菜，晶莹翠绿，清淡醒目，若再配以蚶子米，则淡黄嫩绿，倍觉清新而味美。又如，江苏名菜"鸡油菜心"，色泽以鲜绿、白亮为主，格外清爽。黄绿色易使人联想到枯叶，一般不用。

（5）茶色（咖啡色、褐色）：给人以浓郁、芬芳、庄重之感，同时显得味感强烈。如，南煎丸子、烤鸭、烤乳猪、红烧鸡块、干烧鲫鱼、熏鱼等。

（6）黑色：在菜肴中虽有煳、苦之感，但应用得好，能给人味浓、干香、耐人寻味，余味隽永的印象。广东一些名菜，较爱用黑色来增强美感。如，"麒麟鳜鱼"，黑得逗人喜爱。

（7）紫色：属于忧郁色，常能损害味感，但运用得好，能给人以淡雅、内敛、脱俗之感。如，川菜"白汁鱼唇"就略带一些紫色，显得雅而静。

（8）蓝色：也会给人不香或不是菜肴的感觉，但运用恰当，同样可以使人感到清静、凉爽、大方。如，用白底蓝花的鱼盘，盛青灰、嫩白的醋椒鱼，在吃了冷荤、热炒，喝了酒之后，看到它，则令人感到清爽、冷静，倍增兴趣。

烹饪色彩美感，重本色美。所谓本色美，就是利用、发挥（增色、变色等方法）原料的自然色泽。如，绿色系的菠菜、芹菜、白菜、韭菜、豌豆苗等；红色系的番茄、胡萝卜、辣椒等；白色系的山药、白菜心、白萝卜、豆腐、粉丝、银耳等。白切鸡，本色黄灿灿的就能产生美感；韭黄肉丝，自然和谐给人以美感。本色美感的获得，与色相、色性、色度的冷暖；表情等属性均有联系。其次，色彩美感重配色的和谐，忌混杂。袁枚说过："混浊者，并非浓厚之谓。同一汤也，望去非黑非白，如缸中搅浑之水。"故有经验的厨师讲究色彩美感的"一青二白"，悦目赏心。

三、色彩关系的美感

色彩美感重变化，讲究色彩对比的多样化，忌单调一律。所谓"众色成文"，给人以绚烂之感。色彩美感的和谐与变化，产生于色彩的相互关系。

色彩的关系：通常讲到的色彩关系是同类色、对比色、互补色，特性色。分述如下：

同类色：即色相性质相同的颜色，如朱红、大红、橘红或一种颜色的深、中、浅的色彩。同类色好比姐妹关系，容易产生协调感觉。同类色中有一种情况，基本色相相同，各自的区别在于光度不同，这叫同种色。同种色并置在一起，显得异常亲近和相像，产生的效果协调而有节奏感。如，"麻婆豆腐""麒麟鳜鱼""煎金钱牛排"都是取的同类色和谐。我国配料原则之一，是近似色配，叫顺色配。如"糟熘三白"用的是鸡片、鱼片、笋片，色泽近似，鲜亮明洁。

对比色：调和色的反面是对比色，任何两种色彩都可以对比，只要它们色相不同就是了。在没有两相比较的情况下，可以将色相环上相距60度范围之内的各色称为调和色（同类色），此外的称为对比色。对比色又可分同时对比、连续对比等多种关系。运用对比色，使菜肴的色彩美感显得丰富多样，生动鲜明。烹饪中的对比色配，又称异色配，或花色配，如"芙蓉鸡片"取红绿相配，衬以白色，非常醒目。又如，广东名菜"湖上漂海棠"，在色彩上有淡黄、白、绿三色相配，白在淡黄、绿之中带点红紫味，绿在白、淡黄之中带点灰色，淡黄则更显突出，故色彩美感洁净而淡雅。又如，秦中名菜"白玉金鱼汤"。有淡红、银白、橘黄三色相配，效果鲜明，相得益彰，显得富丽典雅。湖南名菜"鸳鸯鲤"，金黄、淡白双色相配，杂以红、绿点缀色，在对比中淡白带点紫色，金黄带点褐调子，效果既热烈又雅致。又如，广东名菜"岭南百花乳鸽"，色彩虽丰富多样，但不驳杂混浊，究其原因，菜中的色彩主要是橘黄、绿、白、深茶色四色，在协调中求对比，所以美感强烈。山东名菜"三色鸡丸"，其中三色是白——淡黄——粉红，相配的结果有色彩的节奏感，逐缓升调，在淡雅中求热烈。另一个山东名菜"三彩大虾"，其中三彩是黄色虾仁，衬以红色火腿、绿色菠菜、褐色冬菇，三彩鲜艳分明，给人以异常热烈又清爽可喜之感。还有一个山东名菜"双色鱿鱼卷"，既是白、红两色分明，又有互相渗透的感觉，给人以优雅的美感。又如，福建名菜中的"鱼丸汤"，一白一绿，真正是"一青二白"，素净而淡雅，而"金钩西芹"，一红一绿，红绿分明，热烈而沉静。"百合炒虾仁"，一红一白，在浓郁中显露出淡雅的美感。又如，福建菜"白炒响螺""金钱鳝鱼"，广东菜"百鸟归巢"，色彩对比十分丰富，显得绚丽多彩。异色配美感，是由一定的色彩规律产生出来的，倘不符合色彩规律，效果就不好。如炒虾仁配木耳，一白一黑就不美了。

在色彩关系中，还有一种补色美感。补色，是对比色的一个特殊组成部分。补色的特殊之处，是两色在色相环上的距离正好是180度，在同一直径相对应的两端，所以又叫对色或余色。如黄与紫、红与绿、青与橙。在色光上讲，只要这两种色光混合会得到白光的，这两色即为互补。从颜料上讲，凡两种颜色混合而得黑色的，这两种颜色即为互补色。应用补色，可以使两种对立的色彩增强光度，突出和加强它们本身的色彩效果。关于色彩的互补关系，见图1-2。

如上面提到的"金钩西芹"就是利用了补色效果的。又如山东菜"九转大肠"，一为黄橙一为青色，同样给人以补色的美感。

还应当注意到菜肴的固有色（即物体本身的颜色），在外界条件的影响下，会引起不同程度的变比。例如，在各种光源色（指光源本身的色彩）的作用下，固有色一般都要发生变化，如光源色是白光（日光、月光、普通灯光）的话，色彩效果将按以下规律发生变化。

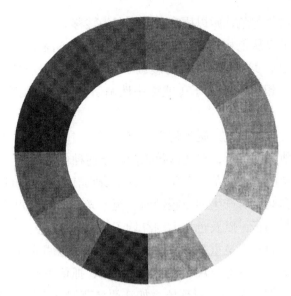

图1-2　色彩的互补关系

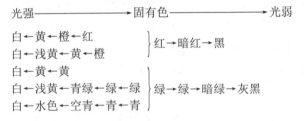

在色光下，固有色的变化更是明显的。

所以，固有色在事实上是不存在的，色的本质是光，色只是物体对于各种色光反射或吸收的选择能力的表现，而并非物体本身的具有色。此外，还有环境色（又称条件色），同样影响着固有色的表现力。

四、色调的美感

最后要谈一下色调。所谓色调，就是我们见到的所有色彩的主要特征与基本倾向，因此，也常被称为"主调"或"基调"。我们观察到某一物象色彩的时候，在形成其色彩的一切个别因素之中，弃宾就主，舍繁就简，抓住其中最具特色的一个方面，印象最强烈的一个方面，作为代表，再结合考虑其他次要方面，来获得对它总体特性的认识。这样，在一切繁杂的色彩现象面前，便能洞若观火。通常情况下，光源色常是色调的主宰者，物象色调以光源色的变化为转移。在光源固定的情况下，物象的色调则以固有色的倾向为转移。

通常我们还可以从色相、色性、光度、纯度几个方面来区分色调，其中主要是色性的冷暖。红、黄、橙各色称为暖调子，青、蓝、绿、紫各色称为冷调子，黑、白、灰、金、银称为温调子（或称中性调子）等。色调冷暖的主要区别方法是：

（1）该色所含有的冷色或暖色何方占有优势？

（2）该色与他色并置时，对比的效果倾向于何种色调？

在几种色彩包围之中的某一色彩，除其本身具有冷暖色调的意义外，更重要的是与其周围色彩对比所产生的冷暖倾向。至于光度上的明调子、暗调子；纯度上的鲜艳调子、灰调子，以及色相上的红调子、绿调子、黄调子等，虽也有时谈及，但不及色性上的调子被重视和常用。总之，掌握色调的方法，便是在该色与他色的冷与暖、明与暗、鲜与灰等许多对矛盾中，抓住主要矛盾及矛盾的主要方面，以便了解和掌握复杂的色彩现象。如江西名菜"五彩虾丝"（由冬菇丝、红柿子椒丝、青椒丝、鲜姜丝、虾丝配成），虽有白、红、绿、棕、黄五色，但主调子是白（炒成的虾丝色呈雪白），余皆为副调子，色彩既鲜艳又高雅。山东名厨纪晓峰曾做过一个名叫"睡莲初放"的艺术菜，是一个用汤盘盛装的蒸扒菜，呈现在食者面前的是一个由十六个粉红色花瓣组成的一朵盛开的睡莲花，花中央有淡黄色的莲蓬，花外围有淡绿色的荷叶衬托，在色调上确实收到了清秀淡雅的效果，是巧用色调的好例子。据说，清代帝王在扬州所食"芙蓉鸡片"所配之料为白色，且作羹只有盐水，也是白色，整只菜颇似芙蓉的圣洁，令人叹为观止。而今，芙蓉菜继承了过去的以白为基色的做法，再辅之以少量的红、绿、黄、黑配料（绿叶菜、红椒、黄蛋糕、黑木耳等），更突出了主料的洁白如雪，在纯洁中透出绚丽的美感。总之，要谐调而有变化，大红大绿使人感到俗气，万绿丛中一点红就饶有风韵了。皮蛋和黑鱼配在一起，看上去一片黑，蜜汁排骨和酱肉配在一起看上去一片红，如果将两者岔开，色彩就有了差距，不仅色彩悦目，也感到内容丰富。

除了要注意一个菜盘中的色彩组合，更要注意整个席面的色彩美感和节奏感。筵席的色彩要注意多样化，节奏感，浓淡相宜，虚实相生，好比一组音乐的旋律，时而轻柔舒缓，时而高昂激越，时而庄重浑厚，时而轻松愉快。一般来说，筵席之始，是冷盘菜，色调上偏"冷"一些，好比一个低音；继之而上的热炒菜，色调上偏"暖"、偏"热"，好比是一个高音；进入尾声是汤，色调上偏雅净，清淡，好比是一个弱音。这样，色彩就产生了节奏感。在具体运用时，还可以有起有伏，交错变化，使节奏感更加丰富。总之，色彩的节奏美感也是不可缺少的。

　　烹饪色彩美感，还与特殊的制作方法有关。糯糊上色法、调料上色法、烟熏上色法、硝腌变色法，各有各的色彩效果。如，蛋清糊色彩洁白，柔滑光润，挂糊呈微黄色或微红色。红烧类菜肴，需要用酱油上色，形成红润色。烟熏制品，都有种独特的褐色。硝腌变色效果，能使肥肉洁白、瘦肉鲜红，美感很强烈。

五、色彩美感的本质

　　色彩美感产生的是生理—心理效应，所以既赏心又悦目，令人"见色而心迷"。康定斯基说得好：色彩有一种直接影响心灵的力量。色彩宛如琴键，眼睛好比音锤，心灵有如绷着许多根弦的钢琴。艺术家是弹琴的手，只要一接触一个个琴键，就会引起心灵的颤动。由此可见，色彩的和谐、变化和节奏三项美感都是与人的心灵相应的振动。色彩美感与食欲密切相关。古人云，色恶不食。美国的一家色彩研究所曾经做过一个有趣的实验，把煮好的咖啡分别盛在红、黄、绿三种颜色的玻璃杯中，然后请几个人去品尝，并要他们报告各自的味觉印象。奇怪的是，他们都觉得，黄杯中的味淡，绿杯中的味酸，红杯中的味美而浓。另一位英国科学家证明：蓝色和绿色使人食欲大减，相反的，黄色或橙色却可以刺激胃口，而红色能增进人的食欲。一般的色彩与食欲的关系，是建立在条件反射基础上的。在人们心目中，早就有一个简单的概念：火腿、红烧肉、香肠、虾子、螃蟹是红或金黄的，所以一见红或金黄色，自然就触发了这种联想，仿佛醇香之味滋于口鼻，故而食欲大增。这种关系一经固定，就形成了生理—心理定式。

　　色彩美感的丰富，与想象有密切的关系。善于想象的人，色彩美感自然要丰富些，反之就逊色得多。故而，色彩美感也能培养人的审美想象力。色彩美感的表情性，更能陶冶净化人的心灵，这是自不待言的。

第三节　香的美感

一、香、臭的辩证史

　　所谓"香气扑鼻，垂涎欲滴"，指的就是菜肴的芳香美感。从饮食生理学上分析，人接触食物时，味分子随空气进入鼻腔，接触嗅部黏膜，溶解于嗅腺分泌液中，刺激嗅毛，产生神经冲动，再经嗅神经传至大脑嗅觉中枢，方才产生嗅觉。而食品的香气，则是它们所含的醇、酚、醛、酮、酯、萜、烯等类化合物挥发后，被人们吸进鼻腔引起刺激所致。

我国烹饪史上早就注意到了烹饪的香味。《吕氏春秋·本味篇》记载："夫三群之虫，水居者腥，肉攫者臊，草食者膻。臭恶犹美，皆有所以。凡味之本，水最为始。五味三材，九沸九变，火之为纪。时疾时徐，灭腥去臊除膻，必以其胜，无失其理。"

清人袁枚的《随园食单》则说："嘉肴到目到鼻，色臭便有不同……其芬芳之气亦扑鼻而来，不必齿决之，舌尝之，而后知其妙也。"

这些文字告诉我们，去异味（臭气、腐气、腥气、臊气、膻气）、增香味的关键在于恰当地投放调味品和控制火候。所谓香、臭是辩证的，既对立又可统一，为了除去异味，增加香味，历代名厨想出了许许多多的妙法，兹不一一列举。

二、香的来源

从香味的来源上来看，菜肴的香味可分为：

本色香：各种原料，经过烹饪挥发出的香味。如肉香（牛肉香、鸡肉香、猪肉香）、蔬香、鱼香、蛋香、谷香、果香、花香，及各种原料之香。

调料香：在烹调中加入作料，如花椒、茴香、八角、丁香、桂皮、葱、蒜、酒、醋等产生的芳香、酒香、醋香、糟香。

烹调香：在烹调过程中，对火候、时间等项因素的控制，因而使菜肴产生特殊的香味。烹调的方法有炒、熘、烩、扒、炸、煎、贴、煸、烧、蒸、熏、卤、焖、烤、炖、酱、拌、腊等，每一种方法都可使菜肴带上不同的香味，如卤的香浓、清炖的香淡、炒的芬芳，等等。又如川菜的代表香型——鱼香，就是调料与烹调结合而成的，它类似真鱼的香味，故名鱼香。这种香味细加分析，是姜、葱、蒜三种香型的综合效果。具有异香扑鼻，刺激食欲的效果。

三、香的种类

从香味的质和生理—心理美感来分，菜肴的香可分：

浓香：此香浓烈，给人的美感鲜明强烈。如，红烧肉、烤鸭、红煨肉、烤乳猪、广东名菜"三蛇龙虎会"等。

清香：此香清新、幽远、淡雅。如，湖南菜"清蒸整鸡"，潮州菜"八宝素菜""纯炖芥菜"等。

芳香：此香芬芳扑鼻，诱人异常。如，湖北菜"油浇全鸡""五香葱油鸭"，江苏名菜"松子肉"等。在《影梅庵忆语》中，冒辟疆有一段文字盛赞董小宛烹饪的芳香："酿饴为露，和以盐梅，凡有色香花蕊，皆于初放时采渍之。经年，香味颜色不变，红鲜如摘，而花汁融液露中，入口喷鼻，奇香异艳，非复恒有。"

醇香：此香醇厚醉人，经久不减。如醉虾、糟鸭、川菜"酒焖甲鱼"、广东菜"芙蓉炒鸡柳"等。

异香：此香怪异，说不出所以然，但格外诱人。如，川菜怪味鸡片、辣子鸡丁、麻辣胡豆等。特别是闽菜"佛跳墙"，据说一开坛顿时就异香扑鼻，高僧闻到，垂涎难耐，会跳墙去吃，故有诗赞道："坛启荤香飘四邻，佛闻弃禅跳墙来"。还有一些地方菜似臭实香。如臭豆腐，徽州名菜"臭鳜鱼"等。

鲜香：此香似带鲜味，格外刺激食欲。如，熘鱼片、清炖甲鱼、红烧大虾、炒虾片、炒三丁等。

甘香：此香似带甜味，浓烈醇厚。如，广东菜"掘酿禾花雀""铁扒禾花雀"，川菜"甜烧白"，还有一些甜菜、甜食等。

幽香：此香幽远清爽，给人以高雅之感。如一些异花做的糕点和名酒等。

以上这些认识只是初步的，进一步的还要作定量定性分析。但目前还达不到这一步。

香的生理—心理反应，可分三个途径来分析：

（1）生理反应：这是一种简单的条件反射，由香味引起唾液分泌，产生食欲。在这个反射过程中，生理上产生一种快感。这种快感也会反映到大脑中枢，从而引起全身心的快感。这种快感的本源，在于人的生命机制。饥饿会引起生命机制的紧张、收缩，产生需要、期待等心理，一旦代表食物的香味出现，生命机制的紧张、收缩状态初步缓解，需要、期待心理也有了一定的满足，这样，快感就随之而来。由于人自身机制的潜在变化，所以，几乎任何快乐都是机体上和精神上的双重快乐。

（2）情绪反应：在上面反应的基础上，由于大脑皮层下中枢神经的兴奋和植物性神经系统的兴奋，产生了香的情绪体验，体验的性质是高兴、喜爱、感化，体验伴随着一定的生理反应，即"喜形于色"。情绪的进一步反应是情感，这种情感在欣赏的意义上就是审美的。名菜一上桌，香味扑鼻，有些文人就会诗兴大发。还有一种说法是，饭后余香，或曰回味无穷。这"余香""回味"，实际上是一种反复的情感体验，曾有人写过这样的诗句："京华嚼得菜根香，冬日秋菘韵味长。"味的美感都要通过"余香""回味"来实现升华。

（3）联想反应：由香气而生联想，各种各样的意象纷至沓来。这种联想又进一步加深审美体验，这是香的最高美感状态。真所谓："鲈鱼菰脆调羹美，轿熟油新作饼香。自古达人轻富贵，倒缘乡味忆回乡。"（陆游《初冬绝句》）古人还有"闻香下马"的说法，这也是联想在起作用，由香气联想到美味佳肴和温饱，于是赶紧下马了。

第四节　味的美感

老子曰："五味令人口爽。"孟子曰："口之于味，有同嗜也。"《说文解字》段注："味，滋味也，滋言多也。"我国古人早就讲究五味调和："调和之事，必以甘、酸、苦、辛、咸，先后多少，其齐甚微，皆有自起。鼎中之变，精妙微纤，口弗能言，志弗能喻，若射御之微，阴阳之化，四时之数。故久而不弊，熟而不烂，甘而不哝，酸而不酷，咸而不减，辛而不烈，淡而不薄，肥而不腻。"（《吕氏春秋·本味篇》）味又何以为美呢，常言道，"食无定味，适口者珍"，这几乎已成规律了。尽管如此，烹饪史上仍然十分重视味的美感。

一、基本味的美感

先谈一下基本味问题。从生理上讲，咸、甜、苦、辣、酸是由味觉神经感受到的基本味，但就调味来说，这个面还可以宽一些。我国习惯上有上述的五味说（对于苦味尚有争论），又有七味说，即酸、甜、苦、辣、咸、鲜、麻七种。欧美国家，把味感分为甜、酸、苦、咸、辣、金属味六种；日本，则把味感分为咸、酸、苦、辣、甜五种；而印度则把味感分为甜、酸、咸、苦、辣、淡、涩、不正常味八种。

单纯从生理快感上讲，各种基本味的特性如下：

咸味：食盐（氯化钠）的咸味最理想。咸味在烹饪中起着重要的作用，它不但可以突出原料本身的鲜美味道，而且有解腻压异味的作用。我国习惯上把它作为调味中的主味，绝大部分菜肴都离不开食盐。糖醋类的菜肴，虽以甜酸为主，也要加适量的食盐，才能使味道浓醇鲜美。

甜味：烹饪中常用的甜味料，有绵白糖、砂糖、红糖和冰糖；另外还有蜂蜜。在调味中，甜味有特殊的作用，如缓和辣味感，增加咸味的鲜醇等。所以，一些菜肴吃起来并无甜味，但烹调时加上适量的糖，菜肴的滋味反而更加柔和醇美。

酸味：食品的酸味主要来自醋酸、乳酸、柠檬酸、酒石酸、苹果酸等。在烹调中用上适当的酸味，可刺激胃口，增加食欲，并有去腥解腻，提味爽口的作用。

辣味：辛（即辣）历史上被认为是"和之美者"。辣味是辛辣物质作用于口腔中的痛觉神经和鼻腔黏膜而产生的灼痛感。故有人说，辣觉是热觉、痛觉和基本味觉的混合。辣味又分有热辣味和辛辣味。热辣味，主要作用于口腔，能引起口腔的烧灼感，而对鼻腔没有明显刺激。产生热辣味的，主要是小辣椒和胡椒。辛辣味，除作用于口腔外，还有一定的挥发性，能刺激鼻腔黏膜，引起冲鼻感。产生辛辣味的，主要是葱、姜、蒜、芥末等。

辣味在烹调中有增香、解腻、压异味、增进食欲的作用，但须要注意"辣而不烈"的原则。

苦味：来源于一些生物碱和萜类、苷类物质，如陈皮、苦杏仁、黄芪、苦瓜一类。单纯的苦味是不可口的，但如调配得当，也能起到丰富和改进食品风味的作用，另外还有刺激胃口的作用。如，"岭南泡鳝糊"，必须加上苦瓜丝才怡然可口。对于苦味的地位，国内尚有争议。

鲜味：中国古代有鱼羊为鲜的说法。近来，又说鲜味是1908年日本人发现的。食物中的鲜味主要来自畜类、水产类、蕈类。鸡汁被人称为鲜味主帅，火腿、虾称为鲜味大将，蘑菇、笋、黄豆芽称为鲜味"三霸"。其他调味品如味精、酱油、豆豉、鱼露等，也有一定程度的鲜味。鲜味是综合性的美感，它在烹调中的重要作用是各国公认的，适当的鲜味不但可以诱人食欲，而且有缓和咸、酸、苦等味的作用，还被人们称之为"营养的信息"。

麻味：川味的基本味之一，主要来自花椒。麻味既麻且香，对调节口味具有特殊性。

二、复合味的美感

以上谈的是各种单一的味感。其实，在烹饪中不存单一的味感，有的基本上是复合味感，即两种或两种以上的味感的组合。复合味也不是不分轻重主次，往往有一个主味，俗话说："有味者使其出，无味者使其入。"如川菜的麻辣菜，就是以麻辣为主，辅以咸甜鲜。江苏的本味菜，以鲜为主，辅以甜咸等味。我国烹饪复合味在世界上独一无二，具体表现在：一是复合味花样多，二是复合味味道好。如酸甜味、甜咸味、鲜咸味、辣咸味、香咸味、香糟味、香辣味、醋椒味、鱼香味、怪味等，都是世所公认的美味。所谓调味，主要就是指如何配制复合味。所谓地方菜系，其复合味都有一定的规律，请参考图1-3。有了规律之后，风味菜系也就应运而生了。所谓风味美感，就是在各菜系的风味特点之上所产生的。

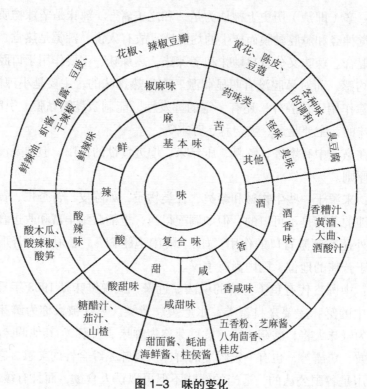

图1-3 味的变化

川菜有七味之说：麻、辣、咸、甜、酸、苦、香。其复合味热菜有：咸鲜味、咸甜味、麻辣味、鱼香味、糖醋味（酸甜味）、怪味（川菜七味配制而成）等。冷菜有：咸鲜、五香、红油、姜汁、蒜泥、鱼香、椒麻、芥末、怪味、糖醋、麻辣、酸辣、甜香等。每一种复合味都各有所长，如咸鲜，咸鲜清淡；怪味，五味兼备，麻辣味长等。总之川菜风味以清鲜见长，麻辣见称，清鲜醇厚，做到了"一菜一格，百菜百味"。再以江苏味为例。江苏是鱼米之乡，故多提倡鱼鲜，江苏历代善吃的名人都提倡"淡则真"的"本然之味"，李渔曾说：从来至美之物，皆利于孤行（《闲情偶寄》）。这样逐渐形成了江苏的平和甘温风味。这种风味常取鲜咸、咸甜、咸酸等平和味型，突出本味，辅之以咸、甜、酸、辣、苦五味，忌麻，少用香料。故江苏菜在味感上，家鸭有清香，野禽有芳香，鱼有鱼香，肉有肉香。再以广东菜为例：郭沫若曾题诗赞粤菜："声味色香都具备，得来真个费工夫"，又有"食在广东"之说。广东人的口味确如南宋周去非在《岭外代答》中所说："深广及溪峒人，不问鸟兽蛇虫，无不食之。其间异味，有好有丑，山有鳖名蛰……腊而煮之，鲟鱼之唇，活而脔之，谓之鱼魂，此其至珍者也。"广东风味讲究清而不淡，鲜而不俗，嫩而不生，油而不腻，相对来说，夏季力求清淡，冬春偏重浓郁，擅长小炒。再以陕西秦菜为例，在调味上，秦菜与秦人一样朴实无华，重视内在的味和香，其次才是色和形。特点之一是主味突出，滋味醇正，很少有两个或三个主味同时突出的现象。另一个特点是香味特出，多选用辣椒、陈醋、大蒜和花椒等。在烹饪方法上多采用烧、蒸，讲究酥烂软嫩、汁浓味香。尤其是"飞火"炒菜，为秦中一绝，其风味醇厚鲜香。秦菜属典型的北方风味，四大菜系之一的鲁菜，则是另一种北方风味。鲁菜风味以咸味为基本，有咸、鲜、酸、甜、辣等主要味型，味醇正汤醇厚，咸甜分明，原汁原味，较少复合味，而且调味多变，南北咸宜。以咸来说，鲁菜中又分鲜咸、香咸、酸咸、甜咸、小酱香、大酱香、酱汁、酱五香、咸香、咸麻等型。鲁菜善于以清汤提鲜，较之味精有过之而无不及。再说"山东人嗜葱蒜"，鲁菜中用葱比较多，葱味甘而辛，作为调味有取香提味之功，别具风味，此外，鲁菜中海鲜较多也是一大特色。再以闽菜为例，福州与山东同处海滨，都以烹制山珍海味而著称，然南北有别，形成了强烈的对比风味。鲁菜主咸，闽菜偏甜、偏酸、偏嫩，正所谓"南甜北咸"。在味别上，闽菜以清鲜、味醇、淡雅、鲜嫩见长，著名的"佛跳墙"就是闽菜代表。据说汤是闽菜精髓，有"无汤不行""一汤十变"之说。闽菜中原汤选用严格，与主料的质、鲜、味融为一体，达到两相谐美。这些汤菜有的汤清如水，质鲜醇美；有的汤白如雪，甜润爽口；有的金黄碧透，馥郁芳香；有的汤浓色褐，荤香味厚。湖北菜风味是汁浓、芡稠、口重、味醇，具有朴实的民间特色。湖南菜风味注重香鲜、酸辣、油重、色浓，善制腊味肉，山珍野味等。豫菜素油低盐，以清淡见长，妙的是淡而有味，无畸味无殊味，五味调和，制汤尤为考究。北京属京菜系，北京有宫廷菜、谭家菜、清真菜，马先生汤，烤羊肉、烤鸭等誉满世界的名菜。由于北京几百年来居全国政治、经济和文化中心，"五方杂处，百货云集"，故有百菜汇合，熔于一炉的特点。在风味上，虽属北味，但又兼南味之美。味特别醇厚，甜咸兼备，讲究调味作料。

　　各菜系既有所谓正宗味型，还有各种旁派支系，其中各地不胜枚举的风味小吃不可忽视。风味小吃虽小，其味型特殊，同样给人丰富的美感。

各大菜系的风味美感，属正宗的烹饪美感。此外，还有"土味"。土味不但原料"土"，而且味"土"。如，岭南菜中有不少菜属土味，其味特殊，令品尝者叫绝。如上乘土味——鹌鹑，我国食用鹌鹑已有3000多年历史，许多地方都有这种土味，其中尤以广东"全鹑席"为最有名。又如，扬州当年特产花鸡，这种花鸡"似雀而小，羽有花纹，多生海外山窟中，味极脆美，腌以供客。东北野味麂类，肉亦可食，云南土菜中，"冬末之苦菜尤美，金齑玉脍岂是过哉？"唐代诗人岑参写诗赞扬土味："灯前侍婢泻玉壶，金铛乱点野酡酥"，"浑炙犁牛烹野驼，交河美酒金叵罗。"土味充实丰富了风味美感。味美之极称为"珍"。历来有八珍之说，八珍中又有上八珍、中八珍、下八珍、海八珍、禽八珍、山八珍、草八珍等说法，各种"珍"味，为人间极美。这些美味往往令人不尝则已，一尝终生难忘。

味有荤素两大类。荤味美感大家都熟悉，它是烹制活鲜而产生的味感，或醇厚，或浓烈，却离不开一个"荤"字。何谓素食？颜师古在《匡谬正俗》中说，案素食，谓但食果糗饵之属，无酒肉也。据说黄炎培素食了五十年，他曾作诗赞素味："朝朝菜甲香无比，那羡烹鲜更逐膻。"在成都"姑姑筵"进餐后，即席赋诗道："天府珍奇数两川，即论蔬食亦新鲜，野香无过弟弟菜，别致多夸姑姑筵。"可见素味味美。素味美感特点是清淡、平和、崇雅、鲜美，与荤味美感恰成对比，但两者也可以统一。荤菜可以素做，素菜可以荤做，荤素合味，成为各种复合味。

三、味美四原则

味的美感讲究本味、调味、适口、合时等四条基本原则。本味美感，即一物一味，不杂混异味。烹饪家认为口味之美主要在于原料本身。本味美感，犹如平常讲的本色美，以自然、新鲜见长，尤为江苏菜所重。味之美其次在准确运用调料。调味美感，则讲究作料、烹调之功，以醇厚、芳香见长，尤为川菜所重。所谓适口，即合于口味，一人一味，一地一味，物无定味，适口者珍。嵇康曾说："嘉肴珍馐，虽未所尝，尝必美之，适于口也。"适口，主要是适合一个地区的风味。合时，即合乎时序，注意时令。古人云："凡和春多酸，夏多苦，秋多辛，冬多咸。调以滑甘。"在这个总原则下，煎和四时之宜：春宜羔豚，膳膏芗（芗，牛膏）；夏宜腒鱐，膳膏臊（腒，干雉也；鱐，干鱼也；臊，犬膏也）；秋宜犊麛，膳膏腥（麛，鹿子也；腥，鸡膏也）；冬宜鲜羽，膳膏膻（鲜，生鱼也；羽，雁也；膻，羊膏也）（《礼记·内则》）。所用作料，也是四季分明的。

这个原理，董仲舒是这样揭示的：四时不同气，气各有所宜。宜之所在，其物代美。视代美而代养之，同时美者杂食之，是皆其所宜也（《春秋繁露》）。这些道理至今仍是适用的。在今天的烹饪界，依然流传着这么四句话："春多酸味出头，夏天清淡微苦，秋季偏中偏辣，严冬味浓多咸。"有人把我国调味归为五大特点：

（1）调味用料宽广；

（2）调味方法细腻；

（3）调味技术高超：口味拿得准，比例投得准，时间定得准，次序放得准；

（4）突出原料本味；

（5）善于调制复合味。

四、味感的高级效应

味感不仅仅是一种极重要的生理快感，而且是一种高级的心理活动和精神享受。味感的高级效应主要体现在：

（1）以味媚人，菜品美味可口，食者"甘而不能已，于咽以饱"，"屈膝而舞"。味的美感能使人受到鼓舞，增加对生活的热爱，增进友谊，传播友谊，成为人类之间的共同"语言"之一。

（2）味的节奏美感，"浓者先之，消者后之，正者主之，奇者杂之，视其舌倦辛以震之，待其胃盈酸以隘之。"可见味同样可以产生一种节奏感，这种节奏感先是由生理引起，而后才反应到心理、精神方面。举行宴会，尤应以味的节奏上菜，以适应宴者的生理—心理需要。

（3）和神：曹植《七启》赞美味"可以和神，可以娱肠"。所谓"和神"就是调谐人的精神，使人的精神舒畅愉快，除忧解愁，培养美好的情操。

（4）联想的美感：味感同样会引起联想。历史上张季鹰的典故就是一例。家乡味激起思乡情，一个人独在异乡，这种感受尤为强烈。毛主席脍炙人口的诗词《水调歌头·游泳》一开头就有两句："才饮长沙水，又食武昌鱼。"据记载，1956年，毛泽东在"永康号"轮船上吃到了"清蒸樊口鳊鱼""干烧鲫鱼""瓦块鲭鱼"等湖北名菜。离开"永康号"后，毛泽东浮想联翩，就写下了上面的诗句。正如臧克家所分析，这里面包含无限的情味。南宋诗人范成大过武昌时，也吃过武昌鱼，而后他写下了："却笑鲈乡垂钓手，武昌鱼好便淹留"的诗句，可见他也被武昌鱼的美深深地吸引了，并激发了诗情写下了他的美好联想。广东泮溪酒家，名闻中外，它的美味同样引起了不少文人墨客的想象，老舍在一首题咏中写道："南北东西任去留，春寒酒暖泮溪楼。短诗莫遣情谊薄，糯米支红来再游。"茅盾的题咏想象更丰富："一群吃客泮溪游，无限风光眼底收。南北东西人几个，天涯海角任淹留。"味的美感由想象而扩散、升华、提炼，最后凝聚成了一种审美情感。

知味如知音，甚至有"知己难，知味尤难"之说。可见，味的美感能否生成一种高级的审美情感、想象，与审美者的文化素养密切相关。

（5）以味知文：一个菜系与一个地方的文化有关，也可以说味本身就是一种文化。因此，知味者，可以由知味而深深感受一种文化的美。文化与风味之间，可说是"心有灵犀一点通"。如，扬州风味与扬州学派、扬州画派、扬州清曲、扬州弹词、扬州盆景、扬州园林、扬州工艺都有密切联系，品尝扬州风味，就能更好地感受扬州文化形态的美。中国烹饪举世无双，它是悠久历史文化的结晶，真正理解中国烹饪者，正是这样来理解中国菜风味的。

第五节　质的美感

烹饪的质美有两个含义：一是指烹饪的营养价值；二是指菜肴、点心、饮料（酒）被送入口腔以后，所引起的质感美。营养价值，虽是质美的重要内涵，然而难以被审美感官所感知，因而一般都是由科学分析来鉴定的。质感（主要指口感）之外还有观感，如：蛋白的光润，蹄筋的滑腻，茯苓饼白洁如纸，千层油糕松软如绸，等等。美是可以被感知的，这里主要谈谈质感中的口感美，并不包括质美的全部内涵。

一、各种口感

口感是口腔（牙齿、舌面、腭等部位）接触食物之后引起的触觉感。口感通常被归纳为嫩、脆、松、软、糯、烂、酥、爽、滑、绵、老、润、清、枯等。分述如下：

嫩：不管荤、素，几乎都是以嫩为美，尤其是爆炒的菜肴，非嫩不可。嫩，是人的牙齿所追求的第一快感。曾有诗赞鲥鱼之嫩，诗云："银鳞细骨堪怜汝，玉箸金盘敢望传。"嫩得让人不敢伸筷子，其实是最美不过的。

脆：脆的快感是吃口干净、爽利。脆与嫩、松等口感复合成脆嫩、松脆等，更能给人以快感。如山东名菜"油爆双脆"，外脆里嫩，口感极美。又如"芙蓉鸡片"，几乎成了脆嫩的代名词了。

松：松的快感是松软、易下口，对于牙口欠佳的人来说，松是重要的快感。很多糕点是以松软见长的。菜肴中也有这种情况，如油炸的粉丝，白如雪团，入口松软易化。

软：软的快感是柔和、软绵。糕点、菜肴中都有以软见长的例子。软与硬对立，一般都忌硬求软。

糯：糯是因食物的黏性而产生的一种口感，能给人以缠绵、柔美的快感。如湖北名菜"冰糖湘莲"就具有香糯之美，一向为人所称道。

烂：菜肴一般来说是忌老、烂（因老、烂恰好与脆、嫩对立），但一些烧、煮、炖的菜却偏要求烂的质感。两千年前就有"烂烹熊掌"之说。今天流行的腐乳肉、酒香肉、烤乳猪等佳肴，都有烂而味浓的特点。软烂易嚼的口感，尤为老年人和儿童所喜爱。

酥：酥是松、脆、软的综合口感。黄州地方有一种油煎饼叫"为甚酥"，大诗人苏东坡品尝后写诗赞美它："已倾潘家错著水，更觅君家为甚酥。"苏东坡创制的"东坡肉"，也是以酥烂见长的。

爽：爽即爽口、利齿。酒泉名菜"雪山驼掌"就是以爽见长的。爽并不是多数菜肴所具有的口感，因为爽不仅与烹饪方法有关，与原材料的质地更有关系。香而脆的东西常常产生爽口的效果。

滑：入口滑溜、柔润，称为滑。据说，"应山滑肉"曾因质地嫩滑润口而受到唐玄宗的赏识，从此，一直流传至今。滑与涩对立，涩通常会引起口感的不适，但不能一概而论。

绵：软、糯、黏、烂的综合效果为绵。绵能给人以缠绵、轻柔之感，通常会受老年人的喜爱。

老：老为一般菜肴所忌，只是在特殊情形下，才追求这种口感。老而韧的川味牛肉干，颇受大众喜爱。这种牛肉干入口以后耐嚼，越嚼味越深长。

润：润有滋润、滑润、油润之分，水分较多的菜肴，特别是汤类，容易收到润口的效果，达到滋润食者心理的快感。

清：一般说，汤的质感要求清亮见底，忌油腻混浊，鲁菜善制汤，可谓无汤不清。清不仅作用于口感，而且作用于心理，能给人以愉悦的情感。

枯：焦枯为一般菜肴所忌，但在特殊情况下，焦枯也是一种快感享受，如"油炸脆膳"。粤菜中这种例子也较多。

二、质感的风格

在质的美感上，也存在着地区风格问题。袁枚在《随园食单》上曾以猪肚为例，对南北的不同质感要求做过比较："滚油泡炒，加作料起锅，以极脆为佳，此北人法也，南味白水加酒，煨两支香，以极烂为度。"传统的"清炒鳝糊"，南派的做法是：先用小油量"料头"炝锅，将鳝丝煸炒至柔，后加料用文火焖烧至酥，最后挂芡装盆，炝油即成。北派的做法是：爆炒兑汁，旺火速成。南派以鲜嫩酥软见长，北派则以所谓"骨子"见称。从菜系来看，西北的秦菜，素以"酥烂软嫩脆爽"为特点，有句口诀道秦菜："麻烂不失其形，鲜嫩不失其色，质脆不失其味，清爽不失其汁。"江苏菜的质感特点是细嫩平和，清而有质，醇而酥烂，是南派的代表。粤菜的质感素以清、嫩、脆、酥、烂、爽见长。对于川菜的质感，通常的评价是：嫩而不生，厚而不重，久嚼不腻。

三、质感的本色美

一物有一物的质感美。"箭苗脆甘欺雪菌，蕨芽珍嫩压春蔬"，陆游这句诗赞的是春笋。"一腹金相玉质，两螯明月秋江"，黄山谷这句诗赞的是蟹肉。对于蟹肉，历来题咏颇多，《红楼梦》中有两句诗真是写到家，诗云：螯封嫩玉双双满，壳凸红脂块块香。常见的豆芽菜，也曾因质美而受好评，明人陈嶷在《豆芽菜赋》中写道："有彼物兮，冰肌玉质……金芽寸长，珠蕤双粒，匪绿匪青，不丹不赤，宛讶白龙之须，仿佛春蚕之蜇。"江南佳蔬之一为莼菜，辛弃疾有两句诗赞道："谁怜故山梦，千里莼羹滑？"袁宏道在《湘湖记》中也写到了莼菜的质美：其根如荇，其叶微类初出水荷钱，其枝丫如珊瑚而细，又如鹿角菜；其冻如冰，如白胶，附枝叶间，清液泠泠欲滴。其味香粹滑柔，略如鱼髓蟹脂，而清轻远胜……比之蒸枝尤觉娇脆矣。质地如此之美，怪不得张季鹰会秋风动而思莼羹、鲈脍了。说起鲈鱼，也是以质美而名满天下的。东晋王嘉《拾遗记》上说：霜后鲈鱼，肉白如雪，不腥，可谓金玉鲐，东南之佳味也。

四、助清吟、益清识

良好的口感，因联想、情感等心理功能的作用，从而成为精神上的享受。所谓助清吟、益清识，就是质感的高级效应。

助清吟：文学艺术史上，有不少诗、画、雕刻工艺品赞美了饮食对象的质感之美。如，杜甫《观打鱼歌》诗："鲂鱼肥美知第一，既饱欢娱亦萧瑟。"《佐还山后寄三首》诗"老人他日爱，正想滑流匙"等。又如齐白石的大白菜，画得肥嫩可爱。质感美，经想象、情感的再加工，就成了艺术珍品。这些佳作的诞生，与艺术家对质感美的感受是分不开的。倘没有感受，就是有枚乘之才，也写不出"如汤沃雪"之类的佳句。

益清识：在质的美感中，同时蕴含某种哲理或认识。甘蓝的质地脆美，古希腊大哲人毕达哥拉斯曾赞它："甘蓝……它能使人经常精神饱满，心境宁静。"陈巍的《豆芽菜赋》中有这么两句："虽狂风疾雨不减其芳，重露严霜不凋其实。"由豆芽菜的"冰肌玉质"而想象到它的高尚品格（实际是借以喻人），这也是益清识的一例吧。《红楼梦》里写宝钗咏蟹的诗中有两句，眼前道路无经纬，皮里春秋空黑黄！这分明是借题发挥，在宣扬她自己的人生哲理。

口感的主要作用是利齿牙、漱清肌。但是这些生理快感，同时也会引起整个身心的愉悦，激起审美情感。

第六节 意的美感

艺术之美，首在有意。烹饪之美，亦同此理。意之美感又可分为意匠美感、意趣美感和意境美感。

一、意匠的美感

意匠，即把匠心寓于技巧、手法之中。通常说"独具匠心""意匠惨淡经营中"，就是指意匠。烹饪中，烹制、造型、题名、摆台……都能体现意匠。如题名中有所谓比附联想（如"水晶脍""雪霞羹""松果肉"之类）、夸张比喻（如"龙虎斗""狮子头""神仙炖鸡""凤凰脑子"之类）、谐音转借（如"霸王别姬"）、依形取意（如"龙凤呈祥""桃花香扇""掌上明珠"），这些题名都是别具匠心的。如红案烹制技术中的"飞火"爆炒，白案技术中的抻面，也是寓意于其中的，"飞火"热烈、昂扬，抻面抒情、奔放……又如凉菜拼盘，或随意式，或整齐式，或图案式，或点缀装饰式。刀工中的各种花刀，均各具匠心。热菜摆盘造型同样如此，筵席摆台，时空布局……无一处不具有匠心。

意匠的美感取决于意匠的内涵，一般说有什么样的意匠内涵，就会激发起什么样的美感。这里的关系是对应的，或者说是共鸣的。可用下面的式子表示：

$$R=R1（烹饪意匠）（意匠美感）$$

传说，唐代的徐州燕子楼有位名妓关盼盼，她与一位张愔相谐。大诗人白居易当时也在徐州。一次，关盼盼亲自烹制"油淋鱼鳞鸡"给白、张二人佐酒。菜端上后，白居易见盘中双鱼并置，生动异常，心里顿时明白，这是主妇对他和张美好友情的颂扬，感到分外欣喜。后来，张愔谢世，白居易又一次来到燕子楼，关盼盼为诗人又烹制了一道雁肉菜。菜端上后，白居易首先见到的，是浑然一色的银白葱段，待拨去葱段，方见雁肉一排。诗人心里顿时明白了，这是主妇在向他表示：自身虽已像孤雁般哀苦，但心中的爱情却依然是洁白无瑕的！白居易深深被感动了。这个例子生动地说明意匠美感的对应性。

北京过去有一种"绿盆"，是一种上了绿玻璃瓦釉子的瓦盆。有的人家，用这种盆，盛上红艳艳的腊八粥，上面用雪花绵白糖撒成"寿"字、"喜"字、"福"字等，再撒上一点青丝、红丝。如此一盆亮晶晶的绿釉器皿、红艳艳的粥、雪白的糖、鲜艳的青丝及红丝，与求"寿""喜""福"的心理相得益彰，风情浓厚，极易产生相应的意匠美感。杭州名厨师丁楣轩创制了一道菜叫"雪里腾龙"。这个菜原本是民间的"雪中得宝"，做法是：用蛋泡糊覆盖里面的原料，如同满盘白雪，造型别致，吃法新奇，意趣横生。在这个基础上，丁师傅根据"鱼龙变化"的神话故事，构思出用鳜鱼头尾摆在盘的两边，鱼肉切片配五色辅料放在中间，上面盖层蛋泡糊的设计方案。此菜烹制成功后，犹如跃雪腾飞的蛟龙，象征中华文明古国欣欣向荣的蓬勃景象，可谓寓意深刻。它同样能使人感到鼓舞和振奋，这也是对应性的美感。

客体（烹饪）意匠与主体美感效应，也有差异和变化。这种差异性反应，有时恰好补充了意匠的不足，或者发现了原有意匠的新意。差异性反应，成了对应性反应的互补条件。浙东普陀原有一菜名"当归面筋汤"，郭沫若品尝过后，提笔写了一首诗："我自舟山来，普陀又普陀。天然林壑好，深憾题名多。半月沉江底，千峰入眼窝。三杯通大道，五老意如何？"郭老题诗后，"当归面筋汤"易名为"半月沉江"，改名之后，寓意深多了。

《扬州画舫录》上载有一则趣事："宰夫杨氏，工宰肉，得炙肉之法，谓熏烧，肆中额云'丝竹何如'。人皆不得其解，或以虽无丝竹管弦之盛语解之，谓其意在觞咏，或以丝不如竹，竹不如肉语解之，谓其意在于肉。然市井屠酤，每籍联匾新异，足以致金，是皆可以不解解之也。"意匠与美感的差异竟能"足以致金"，恐怕连这位宰夫本人，也是始料不及的。

二、意趣的美感

意匠重"匠"，意趣重"趣"。先分析几个以趣见长的烹饪作品。北京康乐餐馆的名厨常静有个拿手菜——"桃花泛"。这个菜先是一盘金黄色的油炸锅巴，接着上来一碗滚烫的番茄酱汁（内有鲜虾片等），只见服务员把番茄酱汁往锅巴片上一浇，一声脆响，霎时间桃花泛红，芳香扑鼻，令观者叫绝。太湖船宴上有一道菜叫"满台欢跃"，上此菜时，但见一只只活鲜大虾，上跃下跳，横冲直撞，客人喜不自禁，纷纷举箸"围而歼之"。吃此菜时，气氛热烈，达到高潮，且意趣无穷，令人称快。北京听鹂馆餐厅有道名菜"活吃鱼"，效果与此相仿。

以上几个作品，意趣都表现在上菜、吃菜的过程中，以制作者的巧智取胜，美感反应的生理—心理过程是：期待→吃惊→称奇→快乐。金黄色的油炸锅巴上桌后，观者便产生一种期待心理，这锅巴如何吃法？下一步的做法是什么呢？正在此刻，番茄酱汁端上来了，观者似乎明白了，但究竟是什么效果，此刻并不清楚。待番茄酱汁在锅巴上炸开时，观众吃惊了，接着便发出了称奇的赞叹声。实质上，吃惊是巧智引起的，称奇亦是对巧智的肯定方式。在这个过程中，审美生理——心理先是紧张，接着便是突然的释放（放松），欢乐情绪油然而生。这个效果类似于喜剧性（康德曾认为，喜剧性——就是"一种从紧张的期待突然转化为虚无的感情"）。对于生成快乐的机制，最近有人作了这样的揭示：每当主体克服重重干扰与人类生命的审美对象本身的图式发生相同时，内在紧张力便变幻出与审美对象同样的动态图式，有了确定的方向性和动态的奋求过程，愉快便随之产生……审美快乐的本质是什么呢？"从形式上看，它是一种人类生命的动态形式；从内容上看，它既包含着丰富的人生情感，也包含着种种深刻的哲理性的洞察和领悟。"所以，"它除了改造机体的内在生理紧张状态之外，还唤起和改造了内在情感生活的状态，它的快乐是机体和精神上的双重快乐。"

除了过程意趣外，还有许多以形态本身的意趣见长的。如鱼肉经花刀处理，油炸后翻出，活脱脱像带绒花的松鼠；鸭脆经刀工处理，再爆熟后酷似朵朵开放的菊花；洋葱竖切六七刀而不断，便成了娉婷的荷花；鱼炸成熏鱼，做成狮子大张口，俨然如真狮；芋艿丝置模具内放油中炸过后，竟是"凤还巢"的巢了；"莲蓬豆腐"这个菜，就是用菜叶作荷叶，用番茄切成荷花状围边放于莲蓬之间，碧绿鲜红，造型生动，意趣横生。这类意趣，仍是以构思的智巧取胜。与过程意趣所不同的是：一个是动态的，一个是静态的，一个是引逗人的快乐机制，一个是引逗人的巧智和情感，在唤起观者的类似巧智和情感中产生美的享受。另外，这种形态意趣有时还会带上一点诙谐和幽默，以此逗人快乐。如"狮子头""熊猫戏竹""出水芙蓉"等菜，题名和形态之间，仿佛有那么一种神奇的联系，从而给人以诙谐感。诙谐和幽默，都是一种轻松的情绪，是理智和情感的一种游戏，它能使人们产生欢乐，平衡因紧张而失去平衡的身心机制。可以说，没有诙谐、幽默，就没有真正的生活。烹饪美感中也是少不了它的，少了它，烹饪美感就过于单调乏味了。趣有雅俗之分，一般来说，应求雅忌俗。粗俗之趣，为烹饪大忌。然而雅俗是相对的，有时候，一些貌俗的东西却也不失雅趣，关键在于寓意。如冷盘"喜鹊登梅""飞燕迎春""孔雀开屏"一类，若做得精巧雅致，何俗之有？俗中有雅，雅中亦可有俗，这样才能既生动，又有趣。

三、意境的美感

意境，是烹饪艺术的灵魂。意境引起的美感，是烹饪美感的最高表现。

意境，即作者主观的思想情感与艺术形象、景致与餐厅陈设的互相映照（即理、情、象、景的交融）。而由这种统一体引起的无穷联想和审美情理，即为意境的美感。意境美感是建立在观赏者的想象机制上的。产生这种美感的心理形式是虚→实→虚，即：由烹饪意境引起想象、情感、哲理；接着是品尝菜肴、食物本身，引起实用的美感，再由实用的美感升华（经过体味、回味、联想等心理活动）为情理交融的美感。第一阶段的意境美感是初步的、精神的、非实用的、纯观照的；第二阶段以生理快感充实了第一阶段的美感；第三阶段又将前两个阶段获得的美感升华、扩大，并积淀下来，至此，意境美感才最后完成。扬州菜中有一个名叫"两个黄鹂鸣翠柳"的，做法很简单：一根青绿的茼蒿横贯两只淡黄色的肉圆。吃这个菜的人，自始至终都仿佛在享受着春风杨柳、莺歌燕舞的意境美。湖北厨师晏新民根据"黄鹤一去不复返，白云千载空悠悠"的唐诗，做了一个"黄鹤翩翩归"的拼盘，意境很美。观赏者通过观照—品尝—回味，再凭栏远眺，或登高望远，更觉浮想翩翩，余味无穷。

烹饪意境与环境和各种文学艺术相结合，获得了更加丰富多样的内涵。如广州南园酒家，园内有亭、台、画廊等，20多个餐厅分别取名"夏荷""观鱼""梅亭""芭蕉"……间隔以花圃、竹篱、假山、鱼池，缀以盆景、壁挂、图画……显得典雅幽静。南园烹饪以潮州菜为主，同时也兼做粤菜、东江菜和福州菜。若有幸到南园酒家品尝一下它的美味，则美味佳肴伴上诗情画意，定能使人陶醉。当年文坛泰斗郭沫若就是陶醉者之一，他到过南园后，不禁赞道："此是人工天外天，解衣磅礴坐高轩。层楼重阁凝宫殿，雄辩高谈满四筵。万盏岩茶千盏酒，三时便饭四时鲜。外来旅客咸瞠目，始信中华是乐园。"美食与大千世界相互交融，激起了郭老的诗情，这首诗便是意境美感的"物化"形式。闻名于世的太湖船宴，可以说意境美：美景、良辰、可人、乐事。美景者，千顷太湖、烟波浩渺、朝晖夕映，气象万千是也；良辰者，佳节中秋、皓月千里、静影投舟、渔歌唱答，火树银花是也；可人者，海内知己，亲朋好友是也；乐事者，家有喜、国有喜是也。再加上主体——佳肴、美食，此乐何及！

美食与其他门类艺术交融，产生了新的意境美。这里的关系绝不是简单的相加，而是互相渗透、互相影响，然后汇合成高潮。

烹饪意境，是烹饪艺术的一切表现手段、表现成分的综合效果。引起的美感在实质上也是情、理、想象的同构反应，从而达到的身心俱乐。所谓烹饪美感的综合性，最集中地体现在意境的追求之中。从美感的心理机制上说：只有在结构上类似人的身心结构和生活结构的艺术品，才能在保留每个人、每个时代和每个社会的独特性的同时，又暗示出人类普遍的情感、命运和斗争，也只有达到这一点，艺术才能真正产生审美的快乐。由此可见，意境之所以能对人激起美感，其根源在于主观情意与客观物象，二者发生对应，即产生共鸣。

因为意境美感是烹饪美感的最高表现，所以其内涵也最丰富，给人的享受和哲理都远胜过形、色、香、味、质诸方面（也可以说，意是形、色、香、味、质的升华和统一，因此，严格地说，意是不能和其他诸项并列的）。

意匠、意趣、意境，三者都离不开意，意者，人也，既包括烹饪艺术的创造者，也包括烹饪艺术的欣赏者。正是人，作为主体，运用着匠（技巧），表现着趣，进入到境，匠、趣、境都是人的思想、情感、聪明、才智、创造能力、欣赏能力等等的凝聚与反映。意高者，匠必精、趣必浓、境必雅；意低者，匠必粗、趣必淡、境必俗，创作如此，欣赏亦然。因此，意（即人的思想、情感、聪明、才智等）始终处于烹饪审美的主体位置，故曰：意犹帅也。

以上六部分，我们分别讨论了烹饪美感的六个构成侧面，这些侧面统一起来，构成了烹饪美感的全部内涵。侧面与侧面之间，既是相对独立的，又是互相统一的，所产生的美感也是互相沟通的。

本章小结

烹饪饮食美感的构成是烹饪饮食美的六个标准，这六个构成要素中，色、香、味、形、质五个方面均由饮食烹饪的本身产生，亦即美食的本义，而意却是烹饪和文学、语言、乐、舞、景等因素产生的综合性美感。本章系统介绍了自然形的美感、色彩美感、几何形的美感、香的种类，特别讨论了色彩的冷暖美感、模仿形的美感，同时又对色调的美感、质感的本色美进行了阐述。

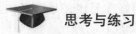

思考与练习

一、职业能力应知题

1.形的美感分为几种？各有什么特点？

2.烹饪色彩美感为何重本色美？

3.色彩的关系分为几种？请运用所学烹饪知识举例说明。

4.如何进行筵席色彩美感和节奏感的组合？

5.香的来源有哪些？并举例说明。

6.香的种类有哪些？请结合烹饪知识举例说明。

7.味美的原则有哪些？

8.味感的高级效应主要体现在几方面？请分别举例说明。

9.怎样来理解意匠美感的对应性？

10.过程意趣和形态意趣有何区别？

二、职业能力应用题

1.联系实际谈谈烹饪意境与环境、文学、艺术的关系。

2.结合质的美感，谈谈烹饪菜肴中质感风格的主要体现。

第二章

烹饪色彩

学习目标

➢ 应了解、知道的内容：

　　1. 色彩三要素　　2. 冷菜色彩　　3. 食用色素对烹饪原料和菜点色泽的影响

➢ 应理解、清楚的内容：

　　1. 色彩的配置　　2. 烹饪原料自然调配的变化　　3. 人工色

➢ 应掌握、会用的内容：

　　1. 面点色彩　　2. 自然色　　3. 菜点色彩在不同成熟方法中的变化

➢ 应熟练掌握的内容：

　　1. 色彩与构思　　2. 热菜色彩　　3. 烹饪原料通过加工形成的色泽变化

　　烹饪色彩是指在烹饪过程中呈现的各种色彩。这里主要介绍显色的原理和相关知识在烹饪技术中的运用，烹饪色彩是烹饪与色彩美的结合。菜肴的色彩服务于人的思想感情，它首先映入食者的眼帘，再深入心中产生美感。在烹饪中进行恰当的色彩处理，能更好地引起视觉、味觉的条件反射，创造美感，刺激食欲。

　　烹饪色彩是烹饪美术的有机组成部分，也是提高烹饪技艺的基础知识。通过对烹饪色彩的学习，了解色彩的起源和变化规律，认识色彩在烹饪中配合的重要性，为创造菜点的最佳色彩打下良好的基础。

第一节　色彩基础

　　人们生活的世界是色彩世界，色彩的感觉是美感的最普及形式。俗话说"远看颜色近看花"，色彩最先进入人们视觉范围。所有物体由于本身质地不同，受光线照射后，产生光的分解现象也不同。一部分光被吸收，一部分被反射或折射出来。由于光的吸收与反射的程度不同，因而就呈现出复杂的色彩现象，产生了各不相同的丰富色彩，呈现出五彩缤纷的万物世界。

物体依靠色彩得以表现，色彩附着于物体得以显示。学习色彩应了解色彩的来源，色彩的表现方法与调配，色彩的变化因素与色彩的知觉，并运用这些知识于烹饪之中，从而使经过加工的各色菜点更富有感染力。

一、色彩的产生

色彩来源于光。自然界中的光源很多，主要有阳光、月光等。太阳是标准的发光体，太阳光一般为白色。一束太阳光通过三棱镜后，被折射成各种颜色组成的彩色光带，形成红、橙、黄、绿、青、蓝、紫七种色光。这七种色光，通常被定为标准色。这七种色彩混合而成白光。可见，色彩是从光源中来的，如果没有光，我们就看不到颜色。

物体的颜色变化，取决于光线照射到物体时被吸收后反射的程度。所有的物体由于本身组成结构不同，受光线照射后，产生光的分解现象，一部分光线被吸收；其余的被反射出来，成为我们所见到的各种物体的色彩。各种物体也因吸收和反射光量的程度不同，产生了各种不相同的丰富的色彩。当物体把射来的光全部反射，即为白光。当它吸收所有光线，即为黑色。在黑夜里或暗室里没有光线照射时，我们就看不到物体的形状，也就看不到物体的色彩。可见，色彩与光有着密切的关系。

二、色彩三要素

（一）色相

色相是指色彩不同的相貌。人的视觉感受到的色彩都具有各自不同的相貌特征，色相是色彩最明显的特征。光谱中的红、橙、黄、绿、蓝、紫是色彩体系中的最基本的色相。

要明确色彩之间的关系和相互作用，最简单和最易懂的形式就是色相环。色彩学家把红、橙、黄、绿、蓝、紫等色相以环状形式排列，再加上光谱中没有的红紫光，就可以形成一个封闭的环状循环，从而构成色相环。将色相环中的颜色做等距离分隔，分别做出 6 色相环、12 色相环、24 色相环、48 色相环等，显示出颜色过渡的秩序。孟塞尔色相环是最常用的色相环（图 2-1），图 2-2 为色相环上的不同色相显示。

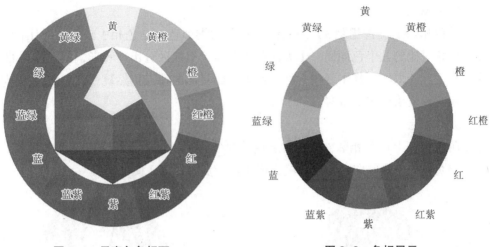

图 2-1　孟塞尔色相环　　　　　　　图 2-2　色相显示

　　了解色相环的目的，主要是为了区别各种不同的色彩，以培养对色彩敏锐、准确的辨别能力，比如能区分出柠檬黄、浅黄、中黄、橘黄等色彩的差别，同时又可以分辨出柠檬黄中偏绿色、橘黄中偏红色的感觉来。能够做到如此，便可以在烹饪色彩的设计中正确地认识和运用色彩了。

　　1. 原色

　　在色相环中，三种不能合成的颜色：红、黄、蓝称为三原色，在 24 色相环中呈等边三角形状（图 2-3）。

　　2. 间色

　　任意两种原色相混合所得的颜色称间色，红加黄为橙色，红加蓝为紫色，蓝加黄为绿色，橙色、紫色、绿色即为间色，它们在色相环中呈等边三角形状。

　　3. 复色

　　任意两种间色相混合所得之色，称之为复色，由此混合出我们现在所看见的丰富色彩。

　　4. 同类色

　　在色相环上位置相距 15° 以内之色称为同类色，同类色是色相中最弱的对比色。同类色相之间的色相对比极其模糊，一般被看作是同一色相里的不同明度与纯度的色彩对比。因此，在配置中注意调整好明度与纯度的关系，可组成统一、优雅的色调。

5. 类似色

在色相环上位置相距 30° 左右的色彩称为类似色，是色相中较弱的对比色。类似色相对比的几个色同属一个大的色相范畴，但能区分出冷暖来，如红色类的玫红、大红、朱红，都主要包含红色色素。此对比的特点仍然统一、和谐，与同类色相比较效果要丰富得多。

6. 邻近色

在色相环上位置相邻 60° 左右之色称为邻近色。邻近色相含有共同的色素，又有较明显的色彩倾向，如红与橙、橙与黄、黄与绿等（图 2-4）。

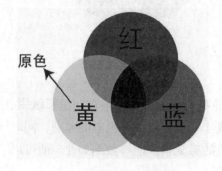

图 2-3　原色

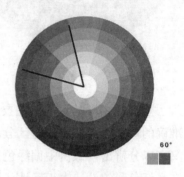

图 2-4　邻近色

邻近色在色环上的相邻关系使它们之间色相的对比在呈现出明显的和谐与统一性的同时又不失变化。因此，邻近色相的配色效果显得丰富、活泼，保持了统一的优点。菜点设计常常采用这种手法。

7. 对比色

在色相环上位置相邻 120° 左右之色环为对比色，色相区别明显。它们的色相感要比邻近色相鲜明强烈，相对补色的对比，略显柔和同时又不失色彩的明快与亮丽。对比色组合具有饱满、欢快、活跃的感情特点，容易使人兴奋激动，菜品设计常用此配色方法来达到刺激味觉的效果。

8. 互补色

色环上位于直径两端，处于 180° 相对应的两色为补色，是最强烈的色相对比。如红色与绿色、蓝色与橙色、紫色与黄色的对比。补色相配，能使色彩对比达到最大的鲜明程度，强烈地刺激感官，引起人们视觉的足够重视，从而达到味觉的满足。

我们可以通过不同的色相关系配置练习来体会丰富的色彩变化和视觉美感，

并将其运用到烹饪图形的设计之中。

（二）明度

明度是指色彩的明暗程度。在无彩色系中，白色的明度最高，黑色的明度最低，在白、黑之间存在一系列的灰色。在有彩色系中，黄色的明度最高，紫色的明度最低，红色明度中等。

任何一种色彩掺入白色，明度会提高；掺入黑色，明度则会降低；掺入灰色时，依灰色的明暗程度而得出相应的明度色。同一系统的色彩也有不同的明度关系，绿色系列色中，粉绿色明亮，墨绿色暗沉。不同的色系又可以有相同的明度，如色相不同的橙色和蓝色，却可以有相同的明度。

明度对比是色彩明暗程度的对比，明度性质在色彩三属性中具有相对的独立性，它决定配色的光感、明快感、清晰感等，是把握色彩主题效果的关键。色彩的明度对比以色立体的明度色列表为参照，分为如下三种对比关系。

（1）明度弱对比。明度差在三个等级数差之内的明度对比，画面光感弱，形象含混不清，具有含蓄、模糊的特点。

（2）明度中对比。在3~5个等级数差之内的明度对比，画面光感强，形象清晰度高，具有明确、爽快的特点。

（3）明度强对比。在五个等级数差以上的明度对比，画面具有强烈、刺激的特点。

以低明度阶段色为主调的画面称为暗调；以中明度阶段色为主调的画面称为中调；以高明度阶段色为主调的画面称为高调。按明度对比的强弱关系分为长调和短调，这样，色彩明度对比的强弱差异可以分为六类。不同的明度等级和明度基调所表现出的视觉效果、色彩性格和情感感觉迥异。

我们可以通过对不同明度色调的组合练习来学习色彩的构成规律，结合不同明度的烹饪原料，学会举一反三地搭配各种不同效果的明度色调。

（三）纯度

纯度是指色彩的鲜艳程度。不同色相的色彩具有不同的纯度，如光谱中红色纯度最高，其余色彩纯度次之；同一色系的颜色也可以有不同的纯度，如大红色比粉红色、紫红色纯度高；一种高纯度的色彩混入白色、黑色，其明度会提高或降低，其纯度也会降低。

我们将不同纯度的色彩并置，把鲜色更鲜，浊色更浊的对比方法称为纯度对比。色彩的纯度对比以色立体的纯度色列表为参照，分为如下三种纯度基调。

（1）纯度弱对比。间隔1~2个等级的色彩对比为纯度弱对比，弱对比中无论是灰色比灰色，纯色比纯色都属于弱对比。这类对比视觉模糊，吸引力弱，容易呈现有混浊和脏的感觉。

（2）纯度中对比。间隔3~5个等级的色彩对比为纯度中对比，这种对比关系没有明显的弱点，是设计中最常用的形式，其效果含蓄，和谐有变化。

（3）纯度强对比。高饱和颜色与几乎不带有色彩倾向的中性灰色相比较，产生纯度强对比。这种对比方式的色彩认知度高，颜色鲜艳生动，富于刺激感，是烹饪艺术中常用的设计手段。

色彩的色相、纯度和明度三属性是不可分割的，在认识、应用色彩时必须同时考虑这三方面的因素，从而达到学习色彩的延续性的目的。

三、色彩与心理

（一）知觉（色彩的知觉有多种表现形式，这里主要介绍与烹饪紧密相关的几种）

1. 色彩的对比

色彩的对比分同时对比与继续对比两类。

①同时对比，就是两种以上色彩并置在一起所形成的对照现象，同时对比可分为色相对比、明度对比、彩度对比、冷暖对比及面积对比。

色相对比：如果将两块相同的橙色块分别放在黄色底上与红色底上，则红底上的橙色偏黄，黄底上的橙色偏红。红绿并置，使得红的更红，绿的更绿。

明度对比：如果将两块同样的灰色块分别置于黑底与白底纸上，黑底纸上的灰色显得亮，而白底纸上的灰色则显得暗。当然，有彩色也是有明度对比的。

彩度对比：当鲜艳的色和灰色并置时，鲜艳的色就会显得更鲜艳，灰暗的色显得更灰暗。

冷暖对比：如橙色与蓝色并置，橙色会显得更暖，蓝色显得更冷。

面积对比：面积大小不同的色并置，大面积的色容易形成调子，小面积的色易突出。

②继续对比，就是先看了一种色后，再看另一种色，因前色的影响使后色起了变化。当我们看了黑底黄色，黄色便成了黄绿色（混合了红色的补色——绿色）。

2. 色彩的调和

①同一调和，就是在两种或多种颜色中，都有着某一共同的色彩因素，因而产生色彩调和。例如，红色与蓝色对比较强，如果分别都调入一定的白色之后，就成了粉红和淡蓝，使对比因素减少，色彩趋于调和。

②类似调和，就是一组色彩因为相近、相似而和谐。这是因为类似本身就含有调和的因素，例如红与红橙、蓝与绿都属于类似色。形成类似的原因有很多，或是在光谱上非常接近，或者是彼此间的明度接近等，因此，在色彩应用中，我们要善于寻找类似的因素，或是通过调整色彩的纯度，来达到类似调和的效果。

③补色调和，就是在一对补色中，分别或一方调入对方的颜色，以减弱对比的强度，产生色彩的调和。因为当一种颜料掺进对应的补色后，都能使其饱和度下降，使色彩对比减弱，从而产生和谐的色彩关系。例如，在黄颜料中掺入微量的紫，其纯度就立即降低，再与紫色并置时，就变得调和，不再有强烈的色彩对抗。在实际应用中，要把握良好的分寸，如果掺入补色过多，纯度降低过大，则会影响到色彩的美感。

④面积调和，就是调整、改变配色的面积大小，以缓解色彩的对比，获得调和的视觉感受。运用面积调和的方法，就是加大面积的差异，不同色彩的面积悬殊有加，就越接近调和。例如，面积相同的橙色和蓝色并置，这种补色对比是极强的。

⑤点缀调和，就是在一些较大面积的色块内，适当放置一些对比色，以减弱色彩的对比，使色调更趋丰富与和谐。其作用一方面可以有效地缓解色彩冲突，同时，还增加了色彩的层次感，使色彩更富于变化。例如，在绿叶中加上少量橙色的点，就产生出新的视觉感受。在应用中，要注意点缀恰当，适可而止，如果点得太多且分散，不但达不到点缀的效果，还会使色彩变得平淡。

⑥间隔调和，就是运用某一间隔色限制色彩，从而使过强的色彩对比趋于调和。间隔色的选择，通常是无彩色系的黑、白、灰，也可以根据具体的色彩关系，选用带有某一色彩倾向的复色，其作用与五彩色大致相当。在进行色彩调和时，一般是用间隔色对色块、图形作双勾边，如需加大调和力度，则可将线条增粗，或者直接以间隔色作为底色。

（二）色彩与情感

色彩能带动我们的情感，甚至能表现出人们不同的性格，不同的情绪表现。我们生活在一个色彩斑斓的世界中，随着时间的推移变化，我们不断地积累着视觉经验，一旦当我们看到某处熟悉的场景时，就会与我们的视觉经验产生呼应，在人的心理上引出某种情绪。例如，生活在北方的人，看到白色最容易联想到白雪，进而有寒冷的感受。色彩也能表现出人们的性格，例如，性格外向的人偏好暖色，性格内向的人偏好冷色，沉稳。保守的人偏好像灰色这样的中性色彩。

情感与色相之间的关系如下所列：

红色：温暖、火热、革命、力量、惹火、活力、愤怒、暴力、急躁、牺牲、热闹、喜庆。

橙色：果实、丰收、营养、喜悦、甜蜜。

黄色：乐观、醒目、快乐、刺激、幼稚。

绿色：轻松、和平、镇静、和谐、放松、真诚、青春。

蓝色：宽广，希望，忧郁，宽容、冷静，从容，思考。

紫色：富贵、高雅，神秘，经典。

白色：纯洁，洁净，高尚，圣洁，孤独，冰冷。

黑色：正式、恐怖，庄重、死亡。

不同的色彩搭配会产生不同的视觉效果，并影响顾客的消费心理。因此我们在设计菜肴时一定要充分考虑到烹饪原料之间色彩的搭配，以促进客人的消费和食欲。

四、色彩的配置

（一）同种色的配置
同种色指色相相同而明度不同的色，如深红、大红、粉红。

（二）类似色的配置
指在色相环上邻近的色组，如红与红橙、橙。有人把大红、朱红、玫瑰红称为同类色。

（三）对比色配置
对比色有两种。一是补色配置——最强的对比色配置，如红与青绿，黄与蓝紫，绿与紫红等（即在补色色相环的直径两端的色）。二为次对比色配置——取决于补色对比的对比色，如红与黄绿，红与绿味蓝等。

五、色彩配置的技巧

（1）要有主色调，色彩配置中有时效果不够好，其原因大半是色彩面积处理不当，缺少主色调。如两色面积相等，互争主位，破坏了多样统一的艺术原则。如果色块面积一大一小，有主有次，有强有弱，有疏有密，互相衬托，就能达到变化与统一的效果。

（2）配色时，构图应注意均衡，均衡与否，取决于色彩的轻重、强弱感的正确处理。

①同一画面中暖色、纯色面积小，冷色、浊色面积大，易平衡。

②明度相同，纯度高而强烈的色，面积要小。纯度低为浊色，灰色面积大，可以求得平衡。

③画面上部色亮、下部色暗，容易产生安稳感。

（3）配置重点色

有时为了突出某一部分或打破单调感，需要有重点色。但要注意：

①重点色应比其他色更强烈。

②重点色应取与整体色调相对比的色。

③重点色应用的面积要小些。

（4）同种色，类似色的配置应防止同化作用与隔离作用

（5）对比色的调和处理

对比色，尤其是补色，若处理不当，较难调和。以红与绿为例，其调和方法如下：

①改变一方的面积，突出主题。加上一点重点色，局部对比，整体调和。

②改变一方或双方的彩度、明度。任一方或双方加黑白灰色。

③双方加一共同色，如加黄后，红与绿改变成橙色与黄绿色，减弱了对比。

④互混，在一方加入对方的色，或互加对方的色，向类似色靠拢，以造成"你中有我，我中有你"的亲近感。

⑤通过渐变作缓冲对比。一是红色加白色或加黑色渐变，在黑白处放绿色（绿色也可渐变）。另一方法是红、绿相互渐变。

"万绿丛中一点红"的配色是迄今为止最佳的配色方法之一。万绿指的是各式各种的绿，有黄绿、翠绿，有明亮的绿和暗的绿，有鲜艳的绿和灰的绿等。这里的万绿是由各不相同的色相、明度和彩度的绿色组成，属类似色，万绿又标志着较大的面积，形成整体主调。因此，一点红在万绿丛中所占的位置甚小，形成了整体调和统一、局部对比和重点突出的画面。

（6）借鉴

仅凭我们脑中的主观想象和设计，得到丰富、变化的色彩是不容易的，还需要向绘画艺术、音乐和文学作品等优秀文化借鉴，善于利用古今贤人的色彩配置经典案例，拿来为我所用。

第二节 菜点色彩

中国烹饪以讲究刀工、火候，注重色、香、味、形、器而闻名于世。在体现菜点统一美的整体表现中，"色"居首位。美好的菜点色彩让人对菜点有味美的

感觉。因此，在烹饪中恰当地处理菜肴、点心的色彩，制作出色彩协调、给人美感的菜点，对于提升菜点质量具有重要的现实意义。

一、自然色

自然色是指烹饪原料的天然色泽，它是动植物在生长过程中自然产生的，但在保存和初加工过程中也会产生褪色及变色现象。

（一）鲜料色

鲜料色即新鲜原料的颜色，鲜活原料经初加工到烹饪前这段时间内，由于盛放时间短，原料内部物质转化不明显，仍然保持着天然色泽。

各种常用鲜活原料的自然色按红、黄、橙、青、绿、紫、棕、黑、白等色相分类，以鲜活的动植物原料在烹饪前呈现色彩为标准。表 2-1 为鲜活原料自然色分类表。

表 2-1　鲜活原料自然色分类表

名称 类别	红色	黄色	白色	橙色	青色	紫色	棕色	黑色	绿色
植物	红椒、红番茄、红萝卜、山楂、红果、心里美萝卜、红皮萝卜、红樱桃、红瓤西瓜、红草莓、红杨梅、红包心菜、红李果	韭黄、蒜黄、芹黄、菜花、柠檬、黄花菜、金针菇、杏子、玉米笋、菠萝、黄豆、生姜	山药、茭白、白瓜、白木耳、荸荠、白菇、白萝卜、大白菜	胡萝卜、橘果、红山芋、南瓜	芥菜、石耳、海带、雪里蕻	紫茄、紫卷心菜、紫菜	赤豆、酱汁、香菇、松茸、魔芋、咖啡豆	黑芝麻、黑木耳	青菜、韭菜、菠菜、芹菜、芦笋、青椒、黄瓜、丝瓜、西蓝花、青豆类、空心菜、莴苣、蒜苗、香菜
动物	鸡肫、鸭鹅肫、猪腰、牛肉等		鱼肉、鸡脯肉、蟹肉、鲜贝、鱿鱼、墨鱼、虾仁、银鱼	鸭蛋黄、蟹黄、鱼子	乌鸡、甲鱼		鲍鱼	乌参、皮蛋	

（二）原料加工成品色

原料加工成品色（见表2-2）指原料经加工后的成品色。动植物原料经过脱水干制、腌渍、保鲜、泡制等初加工，颜色大多数都有所改变。研究并掌握这类原料的色彩变化，是烹饪色彩运用的关键。如黄瓜经脱水，原鲜料的青绿变成灰绿；薹菜在鲜料时色泽翠绿，经脱水后变成果绿；蕨菜鲜料时为青绿色，经脱水后成为深褐色。火腿、香肠、香肚等半成品原料，都是经腌渍加工后使肉质颜色变为嫣红的，而红椒经泡腌却能保持其鲜料的红亮色泽。

原料加工后的成品颜色主要有四个方面：原料的脱水干制品色，禽畜、水产品的腌渍色，泡、腌制法的原料保鲜色，原料的罐头品色。

表2-2　原料加工成品色

红色	黄色	橙色	黑色	青紫色	褐色	绿色	白色
火腿、香肠、香肚、西制香肠（午餐肉品）、方火腿、肴肉、叉烧肉、红樱桃、红萝卜、红辣椒、干辣椒、枸杞子、盐水大虾、烤乳猪、烤方	蛋皮、粉皮、豆汁饼、黄蛋糕、鸡鸭油、玉米笋、蛋松	油虾米、咸蛋黄、干蟹黄、橙皮丝、烤家禽	黑芝麻蓉、黑枣糕	紫寒泥、裙边、乌叶饭、油焖茄	卤猪肝、牛肉、禽肫肝、里脊肉、兔肉、捆蹄、豆腐干、菜干、猪肉松、牛肉松、荞麦面糕、赤豆沙、枣蓉	嫩豌豆粒、嫩毛豆粒、嫩蚕豆瓣、贡菜薹干、干黄瓜条、绿菜蓉、橄榄果、绿樱桃	蛋白糕、虾糕、鸡肉、鱼糕、白肚、白肉、盐水鸭、鱼香肠、豆腐、凉粉、琼脂、粉丝、净肉笋

二、人工色

烹饪实践中，人工色的产生范围很广。不管有色的还是无色的原料，在烹饪过程中，常常被人工合成的色素、烹饪原料的天然色汁、各色蓉泥、有色调味品及其他添加剂着色，经过烹调、和拌改变成另一种颜色。掌握这一变化的规律，可使菜点的成品，在无色中有色，在有色中变色，制作出更多、更新、更美的菜点，从而在丰富烹饪的色彩方面开辟出一条菜点创新的途径。

菜点色彩中的人工色可用三种方法形成。

（一）食用色

食用色是指可食用的色素，分为两种，一种是食用合成色素，另一种是食用天然色素。我国许可使用的食用合成色素有苋菜红、柠檬黄、靛蓝、日落黄等，其在用量上有严格的限制，具体使用范围须参考国家标准。食用天然色素来自天然物，且大多是可食资源，利用一定的加工方法所获得的有机着色剂。它们的色素含量和稳定性等一般不如人工合成品。不过，人们对其安全感比合成色素高。

（二）不同颜色的合成色

在烹饪中，将不同颜色的原料，通过精细加工成各种汁、浆泥、蓉、粉状，然后根据原料的可塑性，把两种以上的不同颜色的原料，通过合调、和拌、搅匀、卷捆、擀压、浇冻合成设定的新色原料。这种合成色，可弥补天然色素单调的缺陷。

新的合成原料色的相貌，主要依靠对原料加工的粗细来决定。在加工原料时，颗粒越细密，合成后的颜色越均匀，达到看不见花色点的程度。如黄色鸡脯，是用鸡蓉、蛋黄、胡萝卜泥搅匀后，加热凝固而成的。由于原料细密，所以见不到鸡肉的白色花点。如果是大块原料，加液态原料合成后，可成为花色原料。如将去壳皮蛋切成大块，浇蛋清加热凝固后即成为黑、白相间的花色原料。把绿菜泥和虾蓉调和加热凝固后，即成灰绿虾糕。将虾蓉用蛋皮卷起加热凝固切成片，即成黄白相间的花纹原料。

在制作面点时，在糕团坯料中加些绿茶汁，即成淡绿色面点原料，加苋菜红即成红色原料，加黑芝麻泥即成灰黑色原料。若将各色原料摊开，层叠卷压后切块，即成精美的花色面点心。

（三）烹饪中的辅助色

烹饪中恰当地使用辅助色，常会给菜点带来出乎意料的色彩效果。它的色彩形成有如下两个方面。

1. 有色调味品

它可以在烹饪过程中对菜点颜色进行改变。如番茄汁、红椒酱、红油、香糟、虾脑液、红曲汁都可以使五色、浅淡的原料变得鲜艳，将有色原料也能改变成暖色调的。酱油、豆瓣酱、可可粉、咖啡粉可以使无色原料变成酱黄或棕亮色，用量增大能变成褐色，使有色原料色可以变得深厚。咖喱粉、蚝油、鸡油可以使无色原料变得黄润，使有色原料变得明亮。

2. 添加剂颜色

它可使菜点色彩提鲜增亮。常用的有饴糖、蜂蜜、奶油、蛋液、麻油等，这些物质的添加均可增加卤制品、烧烤制品的鲜明色调。在卤制品投料时加入一定量的饴糖，会使成品色调光泽明润。烤面包坯中加一定量的奶油，表面刷上饴糖，烤熟出炉时立即刷上麻油，面包的表面色彩显得鲜亮油润。加工烤鸭也是如此，鸭子烤熟时在鸭体表面抹上一层饴糖或糖蜜，能使鸭皮表面有鲜亮光泽。反之，有些产品如果不加添加物，表面成色干燥、不润泽，即使新鲜的成品也会使人觉得是过期的成品。

第三节　色彩的运用

色彩在烹饪中的运用，比起其他艺术门类有着很大的差别。绘画、设计、应用美术等，通常都是在二维空间平面上去模仿自然中的光源色层次，运用多种颜料达到三维空间真实明暗色彩的立体效果。而烹饪中的色彩运用与美术用色迥然不同。因为烹饪中的色彩，大多由天然颜色的三维空间立体的原料组成，通过加工制作，使各种原料分开成大小不等的形体，再组合成新的、立体的、色彩丰富的成品菜点。因此，在烹饪中色彩的运用，就要利用自身的美术色彩知识，根据现实条件的不同，加上丰富的想象力，在烹饪实践中创造出人们喜爱的、色彩丰富的"美味佳肴"。

一、热菜色彩

热菜是佳肴的重要组成部分，是人们日常饮食中常见的菜点类。其色彩是人们熟悉的烹调成品色，它的颜色能给人们菜肴质地、口味的直接感知。从配菜到烹调、装盘等每一道程序都会影响菜肴的呈色。因为原料的自然色到成熟色之间存在着很大的差距，这主要在于加热过程中原料中水分的流失，色素的突出，调味品的色的渗透，这些均改变了原料的色相。另外菜肴是否勾芡，装盘形式如何？往往也能打乱呈色的层次和整体效果。

那么，怎样才能使热菜的色彩达到最佳状态呢，这就需要在配菜时对不同颜色原料进行合理搭配；在成熟过程中，对不同质地原料的火候要正确地把握；在调味时了解有色调料的成色度、准确投量；勾芡时做到厚薄适度；装盘时要求纯度色突出、对比色鲜明、主次色统一。

（一）单色中求纯度

菜肴的色彩来自主辅原料成品的色彩。纯色菜肴能给人以朴实素雅、洁净无瑕的感觉。在单一原料中，要达到最佳纯度色，必须在配菜中做到严格选料。使原料在烹调前达到颜色一致、质地一致、形体一致。烹调时掌握加热火候准确，使原料受热一致。用油、水的清洁度要高，调味品投放要均匀，勾芡一致适度。

以白色菜肴清炒虾仁为例，同样一盘菜，在配菜时应注意严格选料。选用的白虾仁，大小形体要相似，去壳干净无杂质，用油要清纯，烹调时加热火候要准确，调味品投放要均匀，勾芡适度，装盘时将虾仁轻轻地推入盘中，使虾仁达到色彩纯白无瑕、晶玉润泽的最佳状态。反之，选料不严，虾品混杂，去壳不净，则烹调中未去干净的虾壳开始变成红褐色斑点；用油纯度不够，加热时虾肉变黄旧色，给人的感觉是变质原料加工成的。所以在单一色原料加工时，色彩一定要以最高纯度为标准。

（二）双色中求对比

热菜中两种原料的配合呈色，是烹调中广泛应用的对比色方法，这种方法具有以下几方面的配合形式。

1. 同类色之间的配合

同类色之间求色彩的明暗层次对比。如"冬笋炒鸡丝"一类，冬笋色黄白，鸡丝奶白，两种颜色都是浅色，为同类色。正常配合下，两种原料都是同样火候，同时成味，成品色是淡白色调，比较平板。若在配菜时将冬笋丝改刀，比鸡丝略粗短壮些，使鸡丝与笋丝之间形体上产生差距。烹调时冬笋质地紧密，可用略高温使之成熟，使冬笋的色加深，明度下降。鸡丝质地细嫩，可用常温使之成熟，使奶白更纯，保持明度。二者配合在一起，就会达到色的对比，使菜品的色彩具有一定深度的层次感，摆脱平板单调的感觉，让色彩显现出活泼性，增强美感效果。

2. 不同色之间的配合

不同色之间求色彩的明度对比。不同色原料之间配合的成品菜肴的颜色，要求达到黑白分明、中性色鲜明，使菜肴的成品色调对比明亮。

黑白对比呈色的菜肴，如"冬菇里脊片"。冬菇色深，呈褐黑色。里脊片经水漂洗，去净血色素呈白色。二者配合正常烹调后同时出锅混合装盘。由于冬菇颜色深沉，吸收了部分白色肉片的白光，对里脊肉白色产生了一定的消失作用，使整体色相转为灰色调。如果在装盘时加以改变，将深色的冬菇放在底层，白色肉片放在冬菇上面，这样冬菇的褐黑色从肉片白色下透出来，就会使黑色更黑、白色更白，达到黑白对比的最强色调。

中性色之间配合，要突出比例大小。如青椒炒西红柿这种普通菜，在两色配合上，青椒的绿色比率要大于西红柿的红色。因为青椒绿色属温色，色性平和；西红柿的红色属暖性色，色性热烈，但对其他色都具有压抑作用。如果同量配合，会使色彩明度下降，绿色不绿，红色不艳。所以红色量减少，绿色量加大，就会显出绿色中的红更艳、绿更翠。

3. 多色配合求统一

烹饪中多种颜色的原料配合，最容易造成色彩的零乱。所以多色的应用特别要保持主色调的统一，使色彩丰富而不显零乱。

如五彩狮子鱼，用红色火腿丝、褐色冬菇丝、芽白色冬笋丝、绿色葱丝、黄色姜丝等多种原料。选用整条的鳜鱼（整个去皮呈大块的自然白色，保持完整），在白色鳜鱼肉上剞上花刀变成丝毛状。把五彩丝配合镶放在鱼肉丝上。由于白色的鳜鱼肉体面完整，形成了大面积的主色调，使有些散乱的五彩丝被整体吸纳后，感觉自然统一，没有散乱之感。又如三丝里脊卷，虽然红、黄、绿三丝易散，由于里脊肉大片把散松彩丝包卷住，归附于主色的范围，同样能获得和谐的整体色调。这里应注意掌握原料色的变化和统一规律，才能使色彩在菜肴的呈色中得到科学的合理应用，创作出多色多彩的菜肴。

二、冷菜色彩

冷菜中的色彩表现较为丰富而相对稳定，这是因为冷菜都用制作好的固定色成品原料，通常都是在成品的原料基础上再进行色彩的搭配而成。下面从单料色、双料色、多料色等方面简单地归纳冷菜中的色彩配合问题。

（一）单料色

单料色是指单一原料在加工制作过程中形成的色泽。如腌腊品熟料色彩、卤制品的色彩（捆、扎、卷、冻、压等方法形成的花纹色原料），此外像一些特殊的冷制冷吃、热制冷吃等不同方法加工的冷菜单色原料，都属此类。

为避免单一原料的色彩单调，在装盘中，通常要运用刀工技术将其变化成形状不同的块面。如菱形、长方形、正方形、多角形色块，或花卉形、金鱼形、蝴蝶形、走兽形、飞禽形等图案色块。

（二）双料色

双料色是指两种不同色相的原料配合，通常以对称各半组合形式和拌和统一形式较多，这种配合形式在冷菜色彩中称作"对相色"或"抢制色"。色彩对比有同类色的明暗深浅配合，也有鲜灰即间色的对比色配合。两种原料的配合，色泽上要求有对比度，质地方面要求同步，才能达到对称中的均衡一致。

1. 鲜灰对比

如白斩鸡配合盐水虾，一个是鹅黄白，一个是大红橙色，质地上都是肉实，虽嫩而不滑，配合后形状不变，色泽清晰明快。

2. 明暗对比

如粉皮拌鸡丝，鸡丝纤维较强，而粉皮细嫩柔滑。如果拼摆配合，粉皮的色块由于质地的滑湿而流动不齐，就会使得包块面积改动而不能对称，若将鸡丝和粉皮拌匀配合，让鸡丝的白色从粉皮的淡豆绿色中抢透出明暗对比色，显得色泽淡雅、均衡统一。

（三）三料色

三料色指三种不同色相原料配合，通常采用拌和的方法，还可以根据其适合的形象，用不同色原料（要求质地柔硬相同）分不同色层排列出来，如两色蝴蝶、三色蝴蝶等。三种原料的不同色配合时，常用色块的方法即把色深的排列在两旁，色淡的排在中间；或者底色重，加排一层淡色，再加上一层深色，上面用淡色加盖一层，使原料形成宝塔形色阶。

（四）什锦色

在冷菜色彩中，什锦是花色拼盘中色彩配合非常严格的一种流行色排列形式。什是多的意思，锦指好看的颜色、精致的原料。也就是将多种颜色的精致原料配合在一起，被称作什锦。所以什锦的范围很广。

冷盘制作中的什锦拼盘、什锦围碟等，用色丰富。它是将各种不同颜色的原料，运用精细的刀工处理，有秩序地排列起来，组成对称均匀、对比鲜明的花样什锦拼盘。如荷花什锦、菊花什锦、熊猫什锦、天坛什锦、风光什锦等，都是冷菜什锦拼盘变化的结果。

三、面点色彩

面点中的色彩运用比菜点中的色彩运用简单和方便。不同品种的面粉、米粉、豆制品原料、果制品原料、可可、芝麻、乌叶、鸡蛋、奶油等，配以适量的食用色素，加上成熟的技法，就能获得美好的面点色彩。色彩在面点中的运用方法，可分为"明用色"和"暗用色"两类。

（一）明用色（表明色）

明用色主要是通过点、喷、涂、蘸、嵌、撒等方法，把调好的有色彩物直接用于面点表层，使之直接成色，达到形成预期色彩的目的。如发酵面制品中的寿桃馒头，即可用喷色方法，根据自然界中桃子的成色特征，将桃尖顶部位的红色度加大，往下逐渐淡薄，用以模拟桃子成熟时的自然色调。又如安徽庐江地方名点小红头，即在点心的收口处点上小点红色，增加色彩的光亮红润感，给人以芳香气息。江苏的双麻酥饼，即在饼坯上涂一层蛋清，而后在饼两面粘上黑、白两色芝麻，成品即成两面不同颜色的芝麻饼子。

常用面点"开花馒头"，在馒头的表面撒点果料色青红丝，白色的开花馒头即显得淡雅别致。扬州名点千层油糕，表面撒上"玫瑰糖"或"青红丝"，能给人甜润的味觉联想。喜庆席用的裱花蛋糕，用红绿樱桃、橘瓣等自然色彩镶嵌于面点的适当部位，即有翠玉之华贵感。小品件中，用色丰满的要数四喜饺子，利用包捏成的四角空间，装入火腿末、白鸡肉末、青菜末等色料，形成醒目的色彩对比。

（二）暗用色（内填色）

面点中的暗用色应用形式，是一个多层次的用色方法。通常是把食用色素、原料掺和起来，可根据面点内容的不同要求调配色彩、运用色彩。有色面团制好后，可任意地模仿自然界中有色物象，经过提炼、概括，在色形上达到呈现出自然物象的妙趣。面点中暗色应用以船点最为出色，特别在色彩搭配上精细、准确。成品中的花鸟、蔬果色形兼备、惟妙惟肖，有乱真之感。

暗色用法有卷、夹、透、拼接、裱塑等手法，可使面点外在的色彩达到变化美，内在的色彩达到平和的效果。

1. 卷色

分单色卷、夹色卷（即双色卷、三色卷）。如银丝卷即是外色内色都同样是面团的自然色。如意卷，用双色或三色以上原料组成，以两头向中段卷起成熟后成色卷。

蝴蝶形色卷的卷法与上大体相同，卷好后经挤压后成蝴蝶形状，成熟后切成蝴蝶彩卷。北京点心中的芸豆卷，外层是白色的芸豆泥，内层是褐色的豆沙。广东点心芝麻鲜奶卷，外有黑色的芝麻泥，内透奶白色，色彩黛黑奶白、层叠高雅。

2. 夹色

夹色就是将具有一定厚度的不同原料，分层重叠起来，成熟后如多彩的长条细带交织，层次分明，显出自然的主体色阶感。

广西的桂林马蹄糕，用荸荠粉和鲜奶成色后，取其中部分加入豆沙或枣泥，制成棕褐色料。成品三层二色，层次清晰，色彩和谐。又如夹沙蛋糕，三层两色，上下层蛋糕本色，中间层为褐色豆沙。安徽名点夹点虾糕，上下层是白色的虾蓉泥，中间一层为绿色蔬菜（如嫩蚕豆等）。又如三色糕团，用红色素或苋菜汁加入米粉中和成浅色面团，一部分加入糖色和成棕色面团，制成四层三色的糕团。

以上几例说明夹色在面点中的应用较为普遍，也较为简易，同时在色彩感觉上能得到较好的效果。

3. 透色

透色是面点制作中利用皮、馅原料不同的颜色，通过切、剪等手法，使成品内部的色彩透露出来，进而形成对比色的一种形式。如湖北点心中的菊花酥皮饼，就是将饼坯周围等距切开，将切开的馅依次翻转后，使中间的豆沙馅或可可馅的颜色透出，形成白、褐色对比的菊花形图案。

又如安徽面点中的可可马蹄酥，就是用花边滚筒在面坯的边缘线上依次滚轧成等距离的花边，使内部的可可色透出，形成对比色花边。

另外一种透色是从点心的内部透出颜色，与外皮形成对比，达到明暗色彩别透、清晰的效果。如扬州的富春翡翠烧卖，皮薄如纸，透出内部馅的翡翠色。

4. 拼接色

拼接色是面塑中常用的一种模仿物象造型的用色形式。如面点中以蔬果为题材内容的荸荠制作，即用此法。根据荸荠外皮的褐红色特征，配制此色面团做荸荠毛坯，坯的中段上下边粘上两道天然黑衣线，芽嘴处有黑笋衣和一两个白色嫩尖，这些都要依照本色配制后拼接成形。像面点枇杷中的果、叶等，都是先模仿自然色后拼接上的，给人栩栩如生的真实感。

5. 裱塑色

裱塑成色，是近代面点制作中吸收了西点技术的一种独特的用色形式，但各地区不同程度地融入了自己的用色方式。裱塑通常用于蛋糕的外表装饰，用色以少胜多，现做现用，且多以果料颜色点缀，保持自然色彩的美和卫生食用安全感。

裱塑用的主要原料为质感略粗的蛋白糖膏和色白细腻的奶油膏。食用色素在蛋白糖和奶油中的配色要求是：有色彩的明度高，纯度要偏低，以形成非常明快的色彩对比，所以在纯白原料上用其他色，都要尽量少用纯度高的色彩，应色淡、自然简练，才能达到色彩高雅、质地柔和的效果。

裱塑时用色应注意以深浅色的先后顺序，组成透色感，脱空线条形象，形成画面。一般深色料（如可可色）先裱塑，再进行具有覆盖作用的浅淡色料的裱塑。这样可使表面的深色减弱，并从内层进出，所形成的明暗对比色就能整体吻合。图案色彩要保持对称、均衡，不致使色彩重心倒向一边。

总之，裱塑用色时要注意明暗穿插与深浅色的配合，深色与浅色的配合，红绿的明度与白的纯度的配合。

四、菜肴的色调处理

色调是色彩总的倾向色，它是统制菜肴的主要色彩。色彩和造型一样有主次之分，要是一盘菜肴的色彩没有主次，没有形成主调，这盘菜肴的色彩必然是乱七八糟，不成调子。

菜肴色调从色度来分，有亮调、暗调、中间调；从色性来分，有暖调、冷调；从色相来分，有红调、黄调、绿调、紫调等。但是，任何色调在一般情况下，不是倾向于暖色，就是倾向于冷色，不暖不冷的色调是很少的。所以，色彩的冷暖是研究色调的中心问题。

菜肴的色调也可反映一个民族的爱好，如飞龙升空、龙凤吉祥等菜，形象生动，色彩处理上具有浓厚的民族气息，反映出民族向上、朴素、明朗和大方的特色，同时，表达人们对美好生活的追求。

色调可以概括为以下几种类型。

1. 冷调与暖调

色调倾向于绿、青、紫色的为冷色调，倾向于红、橙、黄色的为暖色调。

由于色彩具有冷与暖、膨胀与收缩、前抢与后退等感觉，不同色调就会有不同的感情色彩。表现热烈、兴奋、喜庆的色调，总是以红、黄色等暖色为主调。如喜庆宴席中，常以暖色调的菜肴为主，其中有金红色的"鲤鱼跳龙门"、金黄色的"如意蛋卷"、橘红色的"蟹黄鱼翅"、大红色的"金鸡送喜"、金红色的"双喜花灯"、红白色的"油爆双菊"、油黄色的"栗子焖鸡"、酱红色的"酱爆鸡丁"、橘黄色的"金橘银蓉"、淡黄色的"鲍鱼汤"和金黄色的"拔丝苹果"、鲜红色的"西瓜盅"，以及黄色的香蕉、红色的苹果等，灿烂的菜肴色彩造成一种热烈的节奏和欢快、喜庆的气氛。而绿、青、紫等冷色常作为清秀、淡雅、柔和、宁静的色调。如绿、白相间的"青椒鸡片"，洁白透绿的"芙蓉鸡片"，绿、淡黄、白相配的"湖上漂海带"，银白的"鸽蛋燕菜""清炒虾仁"，一白一绿的"鱼丸汤"，清澈见底的"鸳鸯干贝汤"等，这些素雅洁净的菜肴色彩给宴席带来宁静优雅、和谐舒服的气氛。

当然，宴席中的菜肴并非一种色调，应在主色中适当穿插一些不同色彩的茶点来丰富宴席的色彩变化，使整个宴席的色彩富有美感和节奏感。

2. 亮调与暗调

亮调与暗调是由烹饪原料的色彩鲜明状况形成的。色彩的明度变化无穷，掌握色彩的明暗变化，是设计色调的关键。在设计中往往重亮调，忽视了暗调，造成色彩平淡、无生气。不论是设计亮调或暗凋，前者要有暗色的点缀，后者要有亮色的点缀，这样才能使菜肴造型生动、色彩悦目。如菜肴"雪丽大蟹""爆乌鱼花""鸡蓉海蛏""浮油鸡片"等，色调明亮，以少量的红、绿、黑等深色配料的点缀，使菜肴色调给人以纯洁中透出绚丽的美感。又如南煎丸子、烤鸭、烤乳猪、烧鸡、烧鸡块、干烧鲫鱼等，色调沉稳，常以黄、金黄、白、红亮色配料点缀，给人以味浓干香、耐人寻味的美感。

常见主要色调有如下几种：

红色调——大红色、枣红色、酱红色、鲜红色、玫瑰红色、橘红色、淡红色等。红色调给人以热烈、喜庆之感。

黄色调——橘黄色、金黄色、杏黄色、中黄色、淡黄色、乳黄色等。黄色调给人以明快、希望之感。

绿色调——果绿色、草绿色、翠绿色、淡绿色、深绿色、墨绿色等。绿色调给人以清凉、爽口之感。

茶色调——咖啡色、褐色、棕色、红棕色、黄棕色等。茶色调给人以浓郁、庄重之感。

菜肴色调的变化要根据原料的色泽来选择，灵活运用。根据不同的宴席内容和不同要求的食者以及配合季节气候的变化，设计不同色调的宴席菜点，更能获得理想的效果。

本章小结

本章系统地介绍了色彩的基础知识，分析了色彩的对比与调和的规律，结合烹饪专业的特点，介绍了菜点的色彩，及色彩在烹饪中的应用和在烹饪过程中的变化，突出了烹饪色彩的运用特点。

 思考与练习

一、职业能力应知题

1. 色彩的三要素是什么？

2. 如何配好色？

3. 菜点色彩的人工色可用几种方法形成？

4. 鲜活原料自然色的分类？

二、职业能力应用题

1. 如何使热菜色彩达到最佳状态?

2. 菜点色彩变化由哪些因素形成?

3. 影响色彩情感的因素有哪些?

4. 人们大都喜爱在节庆到饭店吃饭,饭店厨师希望通过菜肴的色彩表达喜庆、欢乐、吉祥的美好寓意。试问,要注意选择哪些色彩的原料,表达哪些祝福和寓意?

5. 学生自己选择一席菜单,具体了解选料、配菜、加工等全过程按出菜顺序将色彩记录、色彩设计特点写出自己的认识报告。

第三章

烹饪图案

➢ 应了解、知道的内容:

烹饪图案写生需注意的问题

➢ 应理解、清楚的内容

1. 烹饪图案变化的目的与要求　2. 烹饪图案变化的方法

➢ 应掌握、应会的内容:

1. 写生的工具和技法　2. 图案在烹饪中的应用　3. 图案在冷菜中的应用

➢ 应熟练掌握的内容:

1. 烹饪图案的构图　2. 图案在食品雕刻中的应用　3. 图案在热菜中的应用

烹饪图案是指将美学知识融于烹饪中,依据菜肴原料本身特性,按照美学法则对菜肴的色彩、造型进行设计,使之成为优美的装饰性纹样。它主要附依于食品造型,不仅要有生动优美的形象,而且要具有人们所喜闻乐见的艺术形式。内容和形式的辩证统一是烹饪图案设计必须运用的重要法则,因此,研究探讨图案的基本形式和规律是必要的。只有把美的规律与实际需要结合起来,与审美的需要、不同地区、不同民族的需要结合起来并正确运用,才能创作出好的烹饪图案。

第一节　图案的写生

烹饪图案写生的形式不拘一格,可以用各种绘画形式来写生,其主要目的是为设计出具有艺术效果的烹饪图案准备素材。写生是到生活中去搜集素材,对具体事物进行描绘,把一些生动的自然形象画下来。通过写生可以丰富生活知识,逐步培养敏锐的观察对象和表现对象的能力。

烹饪图案写生的方法，就一般来说，与绘画基本相同。但在表现手法上有相当大的差异，它无须像绘画、雕刻那样追求装饰和精雕细刻，而应根据烹饪自身的表现特点来搜集素材，从而达到充分利用和发挥烹饪原料之美来刺激人们的食欲启发品味的目的。所以，在烹饪图案写生及其变化时，不仅是对自然物象的外形轮廓和色彩进行刻画，而且要对自然物象进行全面的观察、研究，分析物象的生长规律和特征，以及它们各部位的比例、动态变化等。特别是在进行花卉、动物、风景等写生时，首先必须对其进行一番仔细的观察和比较，然后选择充分反映其完美意境的角度。

1. 写生必须注意以下问题

（1）要抓住物象的特征。也就是说要抓住自然物象的外形特征和生长规律特征。对外形特征来讲，要注意物象的形态是圆形、圆锥形、长方形、梯形、三角形、扇形等。从花卉生长规律的特征来讲，是轮生、平生、卷生等。

（2）要取舍。写生不仅仅是自然物的再现，而且要把物象的内在本质表现出来，要取其生动的、有代表性的部分，舍其杂乱的，多余的部分。中国画的写生，很注重取舍。因此，在烹饪图案写生时要充分吸取和发扬这个好的传统。

（3）要概括。自然物象形形色色，千姿百态，写生时就必须要有较高的概括能力，即把自然界中庞杂烦琐的形象，找出它典型的东西，集中起来，加以提炼和概括，使之成为高于生活的艺术形象。

（4）要重整体。写生要达到物象准确、神态生动，就要从整体着手。重视整体，不要只抓局部，忽视整体。要对自然物象做全面观察——即物象的生长规律，各部位的比例、形态结构等，然后进行详细的描绘。在重视整体的基础上，注意局部的特点使整体与局部紧密地联系起来。

2. 写生的工具及技法

烹饪图案写生的工具一般有铅笔、毛笔、颜料等，使用时可以使用单一工具，也可采用多种工具。表现形式有勾线、衬影、水彩、水粉和特写等。不管采用什么工具和何种技法，其目的是反映客观对象，并能为烹饪图案变化所运用。

（1）白描：白描是以单线勾勒出物象的外形及结构特征，常使用铅笔、碳笔、钢笔、圆珠笔或毛笔等工具。它是一种常用的写生技法，用线条勾描物象，通过不同的线条（粗细、刚柔、虚实、浓淡等）的变化来刻画各种不同质感、骨感、形态的物象。白描较简单易学，在烹饪艺术的创作中被广泛地应用，无论是宴席设计的构思，还是物象写生练习或是菜点、食品雕刻的图案设计，以至各种烹饪资料的积累，都可以通过传统的白描手法来完成。通过白描可获得多方面的素材，丰富和扩大知识面。

（2）素描：是造型艺术形式的一种，属于绘画范畴内的单色绘画，素描以严谨的透视和造型以及体、面构成了三维的空间关系，是初学绘画时训练基本功的重要手段。素描通过形体结构、比例、运动、明暗调子等造型因素的运用来表现对象。素描写生技法造型的基本手段是线条和明暗，遵循的基本原理是透视学原理。懂得了透视学的基本原理，就可以认识到用线作画的观察方法，它并不完全依赖光线照射下物体所呈现的明暗变化，而是着重研究对象本身固有的体积结构和透视变化。线条准确地表现物体透视的同时也表现了对象的立体感。除了运用线条，还需用明暗色调来表现对象的不同质感、色度和物象的空间距离感等，使画面形象更加具体，具有较强的生动效果。

（3）水彩：是在用铅笔记录物象的形体结构后，利用透明的水彩颜料进行着色。可以用深浅不同的颜料，覆盖在铅笔画像上，目的是将描绘对象的形和色记录下来，以便进行烹饪图案的变化。

（4）水粉：是用粉质的图案颜色来进行记录。这种方法的优点，是可以用比较明确的层次、空间将物象的立体感表达出来，可以简练地描绘大体物象的大致轮廓，也可以较细致地刻画物象的细部，其目的是训练用色彩来表现物象。

（5）特写：它不是描绘物象的全部，而是根据物象的特征、特性，加以详细描绘，刻画物象的结构和局部的特征。例如，一枝花的细部组织，叶的叶脉的生长形态等。

第二节　烹饪图案的构图

烹饪图案主要依附于烹饪造型，它不仅要有生动优美的形象，而且还要具有人们喜闻乐见的艺术表现形式。烹饪图案中使用的形式美法则，一方面是人们对过去经验的总结，带有规律；另一方面，由于社会在不断发展，这些形式美法则随着社会的不断发展也在不断地得到丰富和完善，在烹饪图案设计中，需要充分运用形式美法则及多种原理、法则去指导制作，并在运用这些基本理论时，从实际需要出发，灵活地去运用这些原理、法则。

1. 多样统一原则

多样统一原则又称寓变化于整齐，是形式美的基本法则，也是各种艺术门类共同遵守的形式法则。多样是指烹饪图案造型中各个组成部分的多样性。一是原料的多样，二是形象的多样。统一是这些组成部分的内在联系。一个完整的造型应该是内容丰富、有规律、有组织的，而不是单调的、杂乱无章的。构图上，纹样、排列、结构、色彩各个组成部分，从整体到局部都应取得多样统一的效果。多样与统一的法则就是要在这些看似无关的多样因素中寻求一种调和，比如构图上的主次、高低，疏密、虚实等；形象上的大小、长短、方圆、曲直、起伏、动静等，都应处理得当，只有如此，才能达到多样统一、整体和谐、丰富多彩的效果。在运用这一法则时必须处理好多样与统一二者的关系，要做到整体统一，局部多样变化，局部的多样变化必须服从整体统一的格局安排，即所谓"乱中求整""平中出奇"。如图 3-1 所示。

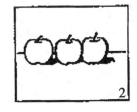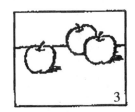

图 3-1　多样统一

2. 对称与均衡原则

对称是指以中心点或中轴线为界的圆形或上下左右的对称，是造型中常用的一种形式。对称在烹饪造型中应用非常广泛，其形式有左右对称、上下对称和多面对称。在烹饪造型中运用对称原则，可给人以庄重、平稳、宁静的感觉。均衡指在无形轴的上下或左右的形象不一定完全相同，但给人的感觉是平衡的。均衡使人感到庄重、严谨，对称则表现为稳定、平衡（见图 3-2）。

图 3-2　对称与均衡

3. 重复与渐变原则

如图3-3所示。重复是有规律的伸展和连续，是将一个基本纹样进行上下连续或左右连续，以及向四面重复排列而形成连续的纹样。渐变是逐渐变动的意思，就是将一连串相类似的或圆形的纹样由主到次、由大到小、由长到短、由粗到细地排列。渐变的形式很多，有空间渐变，如方向、大小、远近及轻重等。一般渐变过程越多，效果越好。此外，还有色彩的渐变，即色彩由浓到淡或由淡到浓。烹饪造型中鸟类的翅膀和什锦冷拼中的排列，就运用了重复与渐变原则。

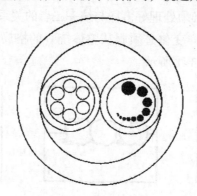

图3-3 重复与渐变

4. 对比与调和原则

如图3-4所示。烹饪造型通过对比才能分出差异。造型形象的对比，有方圆、大小、高低、长短等；分量的对比有多少、轻重等；线条的对比有粗细、曲直、刚柔、疏密等；质感的对比有软硬、光滑粗糙等；方向的对比有上下、左右、前后等；色彩的对比有冷暖、深浅、黑白等。经过对比，互相衬托，彼此作用，会更加明显地突出各自的特点，取得完整而生动的艺术效果。

图3-4 对比与调和

第三节　烹饪图案的变化

烹饪图案的变化，就是把写生素材提炼加工成烹饪的图案形象，因为我们写生所收集到的自然形象往往不能直接用于烹饪图案装饰，需要进行提炼、概括，集中其美的特征，通过省略、夸张等艺术手法，创造出适合烹饪生产要求的图案形象，这一艺术加工过程就是变化的过程。

一、烹饪图案变化的目的与要求

图案变化的目的就是要把现实中的各种形象，加工改造成为适应一定工艺材料制作和一定用途的图案形象，要求它高于实际生活，以达到审美的要求，能够为广大群众所喜闻乐见。烹饪图案变化不能脱离实用性和生产实际，必须紧密配合食用、原料和烹饪加工制作，才能获得良好的艺术效果。

写生是客观地了解和熟悉对象的过程，变化则是掺入了主观因素，对物象进行艺术加工的过程。在开始学习烹饪图案变化时，就要注意学习烹饪图案的规律和美的法则。在实践中逐渐掌握它们，把烹饪图案形象塑造得更好。

总之，在写生和变化的阶段，应注意到艺术之所以成为艺术，其关键是艺术高于现实生活，进一步美化生活。这就要进行多方面的思考和丰富的想象，根据装饰的具体要求，抓住对象的美的特征，大胆运用省略和夸张等艺术手法，进行图案形象的创造。

二、烹饪图案变化的方法

烹饪图案变化是一种艺术创造，图案变化的方法是多种多样的，根据烹饪工艺美术专业性质的不同，有所侧重。下面介绍几种烹饪图案变化常用的方法。

（一）省略法

省略法就是要抓住对象最美最主要的特征，去掉烦琐的部分，使物象更单纯、完整、典型化（如图3-5）。如菊花的花瓣往往较多，全部如实地加以描绘不但没有必要，而且也不适宜生产。比如点心"菊花酥"就是采用删繁就简的省略法进行变形。

图 3-5 省略

（二）夸张法

夸张就是在省略的基础上，夸张对象的主要特征，突出对象的神态、形态。使被表现的对象更加典型化，更具有代表性。"不求画面的逼真，只求形象的神似"。夸张的手法是图案变化中应用最广泛的，它是要用简练的形象表现出丰富的内容。夸张要有意境，有装饰性，耐人寻味（图 3-6）。

夸张常用的方法如：大与小、多与少、曲与直、疏与密、粗与细等的对比，以及对象的形态、动态和神态等方面，都应注意掌握。

图 3-6 夸张

（三）添加法

添加的手法也称为"附丽""丰富"。是将省略、夸张了的形象，根据设计要求，使之更丰富的一种手法，是一种"先减后加"的手法。并不是回到原先的形态，而是对于原来形象的加工、提炼，使之更美，更有变化。如传统纹样中的花中套花、花中套叶、叶中套花等，就是这种表现方法。有时两种或两种以上在形体上不一样的东西组合在一起，"借物发端"，使人引起一种联想。我国民间经常利用这种手法。在添加装饰时，要注意添加的东西与原来的形象有机地结合，使纹样更新颖、更美观（图3-7）

图3-7　添加

（四）变形法

变形手法就是抓住物象的特征，根据设计的要求，做人为的缩小、扩大、伸长、缩短、加粗、变细等多种多样的艺术处理，也可以用简单的点线面作极其概括的变形，如月季花可以变化为圆形、方形的等。

变形手法在烹饪图案上应用较广。比如雕刻作品中塑造寿翁、弥勒佛的形象常常会重点夸张头部的比例，以突出他们的富态或笑容。在运用时要注意以客观对象的特征为依据，不能只凭主观臆造。要根据不同对象的特征分别采取不同的方法进行变化，避免牵强造作。

（五）巧合法

巧合法是一种巧妙组合的手法。如传统图案中的太极图、三兔、三鱼等，都是巧妙地运用了对象的特征，选择某些典型部分，按照图案的规律，恰当地组成一种新的图案形象，使它富于诗意和艺术魅力。

巧合法需要充分发挥想象，把散乱的东西编排得有条理，使不一致的东西统一，将互不相干的东西组成一体，但要注意整体的协调。

（六）寓意法

寓意法是把一定的理想和美好的愿望，寓意于一定的形象之中，用来表示对某事物的赞颂与祝愿。我国民间图案常采用这种手法。如以松树、仙鹤寓意"松鹤延年"，以蝙蝠、桃子表示"福寿双全"等。图3-8寓意为"喜上眉梢"。

图3-8　寓意

（七）求全法

求全法是一种理想化的手法，它不受客观自然的局限。常常把不同时间或不同空间的事物组合在一起，使成为一个完整的图案，例如水上的荷花、荷叶、莲蓬和水下的藕，同时组合在画面上。又如食雕作品"梅兰竹菊"，把不同季节，不同环境生长的植物以整雕的形式同时表现在一起，打破了时间和空间的局限，给人一种完整和美满的感受。

（八）拟人法

拟人法是以人的表情来刻画动物、植物，或以人的活动来描写动、植物的活动。它要求将动、植物的形象与人的性格特征联系起来，表现出人的表情、动态和感情。这种手法，在面塑作品和糖塑作品中比比皆是，比如动物的卡通形象唐老鸭、米老鼠、灰太狼等。这类变化的烹饪图案不仅适合儿童普遍喜欢的心理，并且具有超凡想象的魅力，风趣、幽默，深受人们的喜爱。（图3-9）。

图 3-9　拟人

本章小结

本章主要讲述如何设计图案，通过对物象的写生、分析、研究，进一步把握物象的基本特征，掌握图案的变化和构图原则，为图案在烹饪中的运用，进行合理的优化，创造出新颖的烹饪菜肴。

 思考与练习

一、职业能力应知题

1. 图案的类别和要素有哪些？

2. 图案变化的方法有哪几种？

3. 烹饪图案的写生应注意几个方面？

4. 烹饪图案的构图有哪些原则？

二、职业能力应用题

1. 学习烹饪工艺美术为什么要对物象进行写生？从生活中寻找一些植物花卉或动物造型进行写生。

2. 结合本章谈谈为什么要学习烹饪图案基础，怎样才能学好烹饪图案？

第四章

食品造型艺术

学习目标

➤ 应了解、知道的内容:

  1.食品造型艺术的特点、原则　2.烹饪原料在造型中的应用

  3.热菜造型的几种图案形式　4.面点造型的艺术特点

➤ 应理解、清楚的内容:

  1.冷菜造型的形式　2.冷菜造型的设计　3.热菜造型的设计

  4.食品雕刻的种类及特点　5.中国面点造型艺术的特点

➤ 应掌握、会用的内容:

  1.冷菜造型的制作　2.平面围边的几种装饰形式　3.面点造型艺术的要求

  4.食品雕刻的刀法和手法

➤ 应熟练掌握的内容:

  1.热菜的造型方法　2.平面围边的几种装饰形式

 食品造型艺术,是烹饪工艺美术中最突出的一个部分,也是烹饪上升为艺术的一个重要手段。在食品造型艺术中,食用性应该放在首要的地位,所有的造型美化技术操作都必须围绕这个前提条件进行,造型是手段,食用是目的,不要把主次关系弄错。食品造型艺术的根本目的是为了刺激食欲,启发客人对造型食品的品尝。如果把食品美术混同于普通的观赏性工艺美术,便失去了食品造型的意义。

 食品造型艺术由于其原料的特殊性,存在的时间不能太长,一般情况下只有几个小时,所以不宜对食品进行精雕细刻的装饰。除非是特殊、隆重、意义非凡的筵席,否则完全没有必要在一件菜肴上花费几十个小时的工夫去美化。而且时间越长,受污染的机会就越大。从美学的角度上讲,自然的美是最好的,过分的装饰反而缺乏天趣,达不到美的最高境界。因此,食品造型艺术应遵循简易、美

观、大方和因材（原料）制宜的原则。例如，有些面点只要稍加捏塑，便可做成各种活泼可爱的动物形象；刀工菜只需在切配装盘时稍稍考虑一下构图布局，便可使盘中生花，达到很好的审美效果，这样的食品造型最值得我们提倡和推广。

第一节　食品造型图案变化

烹饪图案的变化，就是把现实生活中的各种物象，加工处理成适用于烹饪工艺造型的图案纹样的过程。它是烹饪造型图案设计的一个重要环节。没有这个过程，图案就不能成为烹饪食用图案。现实生活中的自然形态，只有经过选择、加工、提炼，使图案造型设计密切结合烹饪工艺的要求和特点，才能适用于烹饪中的制作。也唯有如此，烹饪图案才有发展前途。这也遵循了"艺术源于生活，高于生活"的原则。

一、烹饪图案变化的规律

烹饪图案的变化，是在烹饪图案资料的基础上，对自然物象进行分析和比较、提炼和概括的过程。因此，必须对自然物象进行不断的认识，反复的比较，全面的理解。只有经过一定的思考比较，才能在图案变化时对物象的特征有较为透彻的掌握。例如，梅花、桃花的花朵都是五瓣，但桃花花朵的花瓣是五瓣尖形的。所以，只有通过仔细观察，才能找出它们之间的共性和个性以及形态特征。在清楚认识自然物象之后，要进行一番设想和构思，考虑如何把它们变成烹饪图案，这是一个重要的过程。要考虑拿来做什么用，用什么样的原料去做，预想要达到什么样的效果，如何表达出来，用什么表现手法，什么样的图案造型，以及什么色彩，等等。

对于同一个图案，不同的人有不同的设想和构思。这种设想，源于作者对生活知识的掌握程度，以及作者的想象力和创造性。要不为客观物象的表面现象所迷惑，善于抓住物象美的特征，敢于设想，敢于创造，才能获得优美的适用烹饪图案。

二、烹饪图案变化的形式

烹饪图案变化的原则是为烹饪造型的目的服务，必须同烹饪原料的特点结合起来。烹饪图案变化的方法多种多样，主要有以下几种：

1. 夸张

烹饪图案的夸张，是为了使被表现的物象更加典型化，更富感染力，而用加强的手法突出地表现物象的特征。这是图案变化的重要手法之一。

烹饪图案的夸张必须以现实生活为基础，不能随意乱为。例如，孔雀的羽毛非常美丽，特别是雄孔雀的尾屏，紫褐色中镶嵌着翠蓝的斑点，显得光彩绚丽。刻画孔雀时，应夸张其大尾巴，头、颈、胸都可将形象有意缩小些。在用原料造型时，选择一些色彩鲜艳的原料来拼摆，局部也可用一些色素来点缀。

松鼠蓬松灵活的尾巴又长又大，与其娇小的身躯形成一种对比，造型时就应强调这一对比。熊猫就没有那么灵敏，团团的身体，短短的四肢，缓慢的动作特别是它在吃嫩竹或两两相戏的时候，使人感到一种稚趣之感。

但是，不论夸张哪一部分，整个形体的协调是不容忽视的。动物的慢走、快跑、疾驶和跳跃，以及腾飞、游动等，都与它们的特征和夸张手法的运用联系着，不能孤立强调某一点。

图 4-1 为一组蝴蝶倾向夸张的图例。蝴蝶夸张后，将翅膀上的花纹处理成简明、对称的纹样，便于烹饪造型操作。

图 4-1 夸张的图例

2. 变形

烹饪图案的变形手法是要抓住物象的特征，根据烹饪工艺加工的要求，按设计的意图作人为的扩大、缩小、加粗、变细等艺术处理，也可以用简单的点、线、面作概括性的变形处理。

在进行烹饪图案造型时，要注意以客观物象的特征为依据，分别采取不同的方法进行变化，避免主观臆造、牵强造作。由于变形的程度不同，变形有写实变形、写意变形之分。

（1）写实变形：是以写生的物象为主，给予适当的剪裁、取舍、修饰，对物象中残缺不全的部分加以舍弃；对物象中完美的特征部分则加以保留，按照生长结构、层次，在写实资料的基础上进行艺术加工，使它成为优美的图案纹样。

如菊花的叶子曲折多，月季花的花瓣卷状多、层次多，变形处理时要删繁就简，去其多余的不必说明问题的部分，保留有特征的部分。

（2）写意变形：就是运用各种处理方法，在保持物象固有特征的基础上，对图案给予大胆的加工，将描绘的物象处理得更精致，更符合烹饪工艺造型的要求。在色彩处理上，可以重新搭配，使物象更加生动、活泼。

变形主要受主客观因素的影响。主观因素即烹饪美食家本身的艺术修养、审美能力、爱好和趣味。客观因素，即客观物象的基本特征，如鹿的变形，不管怎么变也要体现它那灵巧、健美、温驯的感觉。

图4-2为一组花卉变形的图例。花卉变形后，花朵的形象突出，花瓣简明，层次清楚，更富有装饰效果。

图4-2　变形的图例

3. 简化

简化是通过去掉烦琐的部分，使物象更单纯完整，更典型集中。如牡丹花、菊花的花瓣往往较多，全部如实地加以描绘，不但没有必要而且也不适宜在实际原料中拼摆。简化处理时，可以把多而曲折的牡丹花瓣概括成若干个，繁多的菊花花瓣概括成若干瓣。

如描绘松树：一簇簇的针叶成一个个半圆形、扇形，正面看又成圆形，苍老的树干像长着一身鱼鳞。抓住这些特征，便可删繁就简地进行松树造型。为了避免单调和千篇一律，在不影响基本形状的原则下应使其多样化。如将圆形的松针描绘成椭圆形，使圆形套接作同心圆处理，让松针分出层次。在烹饪工艺造型时还要依靠刀工技术来处理，使松针有疏密、粗细、长短等变化。

图4-3为两组图案倾向简化的图例。松树、银杏树就是采用了简化手法，删繁就简。对松针、银杏叶进行概括和提炼，使其简化成几片有代表性的树叶，从而使形象更典型集中，简洁明了，主题突出。

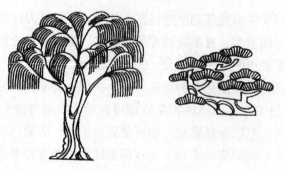

图 4-3　简化的图例

4. 添加

是把不同情况下的形象组织结合在一起，综合其优美的特征，产生新意，丰富艺术想象的一种手法，它不是抽象的结合，也不是对自然物象特征的歪曲。

添加手法，是将简化、夸张的形象，根据设计的要求，使之更丰富的一种表现手法。它是一种"先减后加"的手法，并不是回到原先的形态，而是对原来物象进行加工、提炼，使之更美更有变化。如传统纹样中的花中套花、花中套叶，叶中套花等，就是采用了这种表现方法。

自然界中有些物象已经具备了很好的装饰因素，如动物中的老虎、长颈鹿、梅花鹿等身上的斑点。但是，有一些物象，在它们的身上找不出这样的装饰因素，或是装饰因素不够明显。为了避免物象的单调，可在不影响突出主体特征的前提下，在物象的轮廓之内适当添加一些纹饰。所添加的纹样，可以是自然界的具体物象，也可以是几何形的花纹，但对前者要注意附加物与主体物在内容上的呼应，合乎情理，不生硬，不强加。如，在肥胖滚圆的猪身上添加花卉，在猫身上添加蝴蝶等。

要值得注意的是烹饪工艺造型中，因材而取，不能生硬拼凑，画蛇添足。

图 4-4 为一组图案添加的图例。猪的身上添加了丰富的纹样后，使形象更富有趣味，产生一种美的意境。

图 4-4　添加的图例

5. 理想

就是把不同时间或不同空间的事物组合在一起，成为一个完整的图案，使物象更活泼生动，更富于联想。在烹饪工艺造型中，我们可以充分利用原料本身的自然美（色泽美、质地美、形状美），配以精巧的刀工技术，融合于造型艺术的构思之中，用来对某事物进行赞颂与祝愿。在祝寿筵席中常用这种手法，如用万年青、桃、松、鹤以及寿、福等汉字加以组合，增添筵席的气氛。

在某些场合下，我们还可以把水上的荷花、荷叶、莲蓬和水下的藕，同时组合在一个画面上。又如把春、夏、秋、冬四季的花卉同时表现出来，打破时间和空间的局限。这种表现手法能给人们以完整和美满的感觉。

图4-5为一组图案理想图例。喜鹊和梅花、枇杷的相互组合，使形象更富有理想色彩，更能发挥想象力和创造力。这一手法是进行烹饪工艺造型的一个重要手段。

图 4-5　理想的图例

第二节　冷菜造型艺术

冷菜风味独特，干香爽口，在我国烹饪行业中素有"脸面"菜之称。冷菜的造型主要以冷拼的形式出现，冷拼分普通和花色冷拼两种，冷菜的造型艺术主要体现在花色冷拼上。

花色拼盘，又称象形拼盘，它是将多种冷菜原料合理搭配，运用不同的刀法和拼摆手法，拼装成具有一定象形图案的冷盘。

一、冷菜造型的形式

冷菜造型是我国烹饪技术的一朵奇葩，它不仅要有娴熟的刀工技法，而且还要具备一定的艺术素养。要求拼摆成形的冷盘，形象生动逼真，色彩美观大方，富有食用价值，这对刺激人们的食欲，增加筵席的气氛，提高烹饪艺术水平起着积极的作用。随着人们生活质量的日益提高和我国旅游事业的不断发展，这种冷盘得到了越来越广泛的应用。

冷菜造型根据表现手法的不同，一般分为平面形、卧式形和立体形三大类。

1. 平面形

这种拼盘偏重于食用，在注重食用价值的前提下，兼顾形态和色泽的对比，刀工整齐，线条分明，色彩协调，可食性高，故一般常以独立的形式出现于席面上，如"三拼""六拼""什锦拼""菱形拼盘""太极拼盘"等。

2. 卧式形

一般使用多种冷菜原料有机地拼摆成各种图案的冷盘，要求完美大方、形态逼真，能展现出一个完整的画面，给人以一种美的享受。如冷盘造型"百花争艳""鸳鸯戏水"等。

3. 立体形

这种拼摆是用多种原料，采用雕刻、堆砌等刀工手法，拼摆成一个完整的立体造型，要求形状美观，整体和谐，既能食用又有欣赏的价值，给人一种真实之感。如冷菜造型"立体花篮""亭台楼阁"等。

冷菜造型在制作过程中不仅难度大，艺术性强，而且要求色彩鲜艳，用料多样，注重食用，讲究营养。要把这种拼盘提高到食用性和艺术性俱佳的地步，厨师不但要加强自己的冷菜制作水平，还必须吸取艺术家的创作经验，不断提高自己的艺术素养和造型技巧。在此，要特别强调拼盘的食用价值，不能片面地追求形式而忘了烹饪之本。毕竟我们制作的主要是食品而非单纯的艺术品。

二、冷菜造型的设计

（一）构思

构思，是冷菜造型的基础。在拼盘之前，必须考虑内容与形式的统一，做到主题明确，布局合理，层次清楚，主次分明，虚实相间。在构思过程中，可以充分发挥想象力和创造力，尽情表达内心的思想情感与意境。根据筵席的主题，以及冷菜原料的形态、色泽和质地明确主题，确定拼摆形式。

1. 根据筵席的性质、规模和标准来构思

所谓性质，是指筵席所举行的原因、背景、场合；规模和标准，是指筵席的风味特色。应选定相应的造型形式和工艺手法。

2. 根据筵席的时间、地点来构思

时间，包括季节、钟点以及进餐时间的长短，这些常常是筵席构思的重要依据。夏季筵席冷菜造型以简洁明快、色泽淡雅为佳，冬季以丰富、艳丽的冷菜造型为主。

3. 根据宾客的身份（国籍、民族、宗教信仰、地位、性格等）来构思

这是构思中不可掉以轻心的重大问题。因为不同身份的人有着不同的饮食习惯和审美标准。例如，信仰伊斯兰教的人不食猪肉，那就不能拼摆猪形图案；在中国，荷花象征"出污泥而不染"，受人喜爱，而日本人禁忌荷花，等等。

一个成功的艺术拼摆，不但在于厨师熟练的技巧，更重要的是应根据宾客的具体特点来构思，才能收到良好的反馈效果。

4. 根据筵席的内容来构思

艺术拼盘一般多用于筵席，筵席的种类多种多样，艺术拼盘要根据筵席内容，设计出丰富多彩的题材。如筵席是婚筵，可用"龙凤呈祥""鸳鸯戏水"等冷菜造型；如是祝寿筵，可用"松鹤延年""万年长青"等冷菜造型；再如迎宾筵，常用"花篮锦簇""宫灯高照"等冷菜造型。总之，不管什么筵席，只要题材得当，不仅能提高就餐者的情绪，而且能使筵席收到满意的效果。

（二）构图

构图，就是在构思之后的布局，根据原料的特点及在器皿上的具体摆设，把设计的形象恰当地进行安排，使其更为合理地展示出来，既突出主题，又使人赏心悦目。

构图是装盘工艺中极为重要的一个环节，在一定程度上决定了拼盘的最后效果。在此我们可以借鉴一些优秀的传统绘画图案，参考其中的画面布局，把它的美学观点用于指导构图，但又不能全盘吸收，毕竟冷菜造型的装盘工艺从属于烹饪，有它自身特有的个性，受原材料、表现手法等因素的限制，在造型方面有很大的约束性。一个成功的拼盘无论是从美学的角度，还是刀工技术、拼摆技巧上，都应该是经得起推敲的。

在研究冷菜造型的构图时，应考虑到整体布局上的艺术效果，给人以美的享受。比如：餐具的形式、色调与构图要力求统一，切忌互相破坏，互相干扰。

三、冷菜造型的制作

完成了构思与构图，还要经过一系列的程序，才能完成一个拼盘。这是体现制作者技术手段和实践经验的重要一环。

（一）选料

根据拼盘的题材要求，必须按其色彩和形态做好原料的选择工作，应注意以下问题：

（1）当原料不能满足造型的需要时，可以采取一些技术手段来弥补不足，但需要注意的是，技术手段的运用必须在食用安全和卫生的前提下进行。例如，拼盘"孔雀开屏"造型中的孔雀头部，可以选用萝卜、土豆、南瓜等瓜果原料将其雕刻好，同时，应考虑好它的熟制或隔离，避免对食品造成污染。技术手段的运用为拼盘提供了丰富的物质条件，也大大拓宽了冷拼的题材内容。

（2）应充分利用原料的自然形状及颜色。拼摆选用菜肴原料是多种多样的，具有自然优美的形与色，便于造型。如熟虾是红色，又具有弯曲形态；黄瓜是绿色，头、尾可作青蛙形态，切成片状可作松针、水纹等。因此，在菜肴造型时应充分利用原料自然的形与色，在方便食用的前提下，尽量不要去破坏原料的自然形状，少用色素，这样制作的拼盘色彩淡雅，清新素丽，引人食欲。

（二）刀工处理

刀工技术，是冷拼的基础。拼盘的刀工处理，要考虑到造型拼摆的实际需要，在尽可能利用原料的自然形状的基础上，根据拼摆形象的具体需要进行相应处理。所以刀法必须娴熟，讲求技巧，除了拍斩、直切、锯切以及片法等一些常用刀法之外，还要采取一些美化刀法和雕刻手段，有时还需使用一些特殊的刀具，如波纹刀、戳刀等。

四、冷菜造型的步骤

冷菜造型的步骤，与一般冷菜的装盘有相同之处，例如垫底、盖面、装面，但由于要拼摆的图案不尽相同，在造型中要根据具体情况，遵循如下规则：即先码底后盖面，先拼边后拼中间，先拼尾后拼头，先拼远后拼近，先拼主体后拼点缀。下面以花色冷拼"凤凰"为例，叙述拼摆步骤：

1. 码底、拼尾羽

先将菜肴切成细丝，码成凤凰身的基础形，然后，分别将如意蛋卷、火腿、蒸蛋黄糕、黄瓜、樱桃切成尾羽形，依次重叠拼摆作尾羽（见图4–6）。

2. 拼身羽

分别将蒸蛋白糕、卤牛舌、如意蛋卷、烧鸡、紫萝卜切成身羽形薄片，依次拼摆作身羽（见图4-7）。

3. 拼翅羽

分别将五香牛肉、卤猪舌、蒸蛋白糕、素火腿、卤香菇等切成翅羽形薄片，从外层羽毛开始逐渐向里层尾羽毛拼摆，拼摆时要注意身羽与翅羽衔接部的组合，原料之间要自然、协调，并掌握好原料色泽的搭配，使色彩调和悦目（见图4-8）。

4. 拼头部、点缀

头部是动物造型拼摆中最关键的一步，拼摆要准确，精细。一般将原料精选后切成薄片拼摆凤凰的头部，然后逐步拼摆冠羽、眼睛、嘴等（见图4-9）。此时，力求形象生动逼真，原料色泽艳丽，表现出凤凰的神态。在主体形象拼摆好后，利用盘面的空余部分作点缀或衬景处理，可起到烘托盘面气氛和调节盘面色彩的作用。最后，以造型整体布局为依据，作合理的调整，以达到拼摆的最佳效果（见图4-10）。

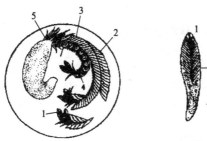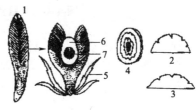

图4-6　凤凰尾羽的拼摆

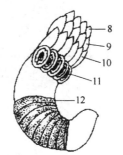

图4-7　凤凰身羽的拼摆

图 4-8　凤凰翅羽的拼摆

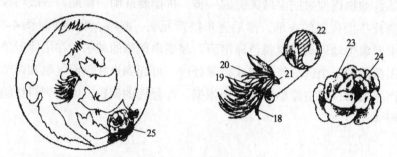

图 4-9　凤凰头部的拼摆

1、18—黄瓜　2、15—卤猪舌　3、14—蒸蛋黄糕　4、11—如意蛋卷　5、19—胡萝卜
6—蒸蛋白糕　7—樱桃　8、9、10—火腿肠　12—烧鸡　13—五香牛肉　16—五彩羊糕
17—卤香菇　20—蛋白、黑豆　21—红椒　22—番茄　23—鱼片　24—姜丝　25—香菜叶

图 4-10　凤凰冷拼

冷菜造型是一种食用与审美相结合的艺术拼盘。虽然讲究形、色的变化，但切不可忽视拼盘具备的食用价值，所以，我们在拼摆时应以尽量选用食用价值较高的材料为原则，否则便会本末倒置，只有看头，没有吃头，从而违背了食用与审美相结合的原则。

五、烹饪原料在造型中的应用

烹饪原料的运用及选择是我们进行艺术拼盘的重要环节，因而在色、香、味、形，尤其是在色与形两方面要尽可能达到完美的程度。各种原料都需经过加工和巧妙地切配、组合，才能使其色泽更加鲜艳，味道更鲜美，造型更美观。

在形态方面，图案式、象形式的拼盘较多，在原料的整形和刀法上十分讲究。整形时应尽可能利用原料的性质、色彩、形状，修整成所需的造型。原料整形最为重要，它是造型的关键，应最大限度地利用原料的原形。拼盘材料一般都切得很薄，基本形状有下述七种，具体运用哪一种，应根据材料的使用目的灵活选用。

片：薄片、斜片、长片、指头片、柳叶片、月牙片、豆瓣片、象眼片、坡刀片等。对片的要求是随着造型对象不同而变化。

丝：长丝、短丝、细丝。丝的长度应稍短于条。在切法上有粗细之别，拼盘码的丝越细越好。

丁：菱角丁、橄榄丁、豌豆丁等。丁的改刀方法一般先切片，再切条，后改丁。丁的大小根据原料质地和造型要求而定。

块：长方块、四方块、菱形块、三角块、梳子块、大小方块、段、马耳、兔耳等。对块的要求是均匀一致。

条：长条、短条。条的要求是必须比丝粗。加工条的方法是：首先按要求的厚度切片，然后切条。

蓉：鸡脯蓉、虾蓉、鱼蓉、猪里脊蓉、肥膘肉蓉、蛋蓉、椰蓉等。要求原料用斩砸的刀法处理得极细，用手摊开看不到颗粒，像泥一样。

花刀块：也叫象形块，如球形、麦穗形、蓑衣形、菊花形等。刀工技法比较多，是技法与艺术的结合。

冷菜造型时，将各种造型的切配原料按照一定的构思、次序、位置及构成法则，在盘内拼摆成一定的形态，组合成美的造型，使菜肴具有一定的节奏、韵律，以增加筵席的气氛。

第三节　热菜造型艺术

　　热菜的最大特点就是要趁热食用，这样才能保证菜肴的口味达到最佳的效果。热菜造型要求必须以最简单的方法、最快的速度进行工艺处理，所以热菜造型力求简洁大方，但又不能草率从事，随意堆聚。成功的热菜以精湛的工艺、娴熟的刀工、优雅的造型、绚丽的色彩效果令人倾倒。

　　切配技术、烹调技术，是构成热菜造型的基本条件。其中，切配技术是构成热菜造型的主要条件。一般菜肴的制作，都要经过原料整理、分档选料、切制成形、配料、熟处理、加热烹制、调味、盛装等八个过程。切配技术使菜肴原料发生"形"的初步变化，是热菜造型的基础。烹调技术不仅使菜肴原料的"形"更完善、色更鲜艳，而且还是热菜造型得以存在和发展的根本。因此，掌握好切配技术与烹调技术是热菜造型的基础。

　　热菜造型艺术的形式，丰富多彩、千姿百态。它通过工艺加工和原料特性给人以美的感觉，满足人们的精神享受，同时也能起到陶冶情趣、增进食欲的作用。造型的形式美是多种多样的，有自然朴实之美、绮丽华贵之美、整齐划一之美、节奏秩序之美和生动流畅之美等。热菜造型的形式一般采用自然形式、图案形式、象形形式等。

一、自然形式

　　自然形热菜造型的特点是形象完整、饱满大方。在烹调过程中，原料基本保持了原有的自然形态不变。如菜肴"烤乳猪""樟茶鸭子""整鱼""整鸡""兰花圆鱼""烤全羊""炸虾"等就是以自然形态造型的热菜。这些菜肴装盘时应着重突出形态特征最明显的、色泽艳丽的部位。自然造型的菜肴装盘时，容易显得有些单调、呆板，如果在菜肴的周围装饰一些拼摆而成的花草，抑或点缀两只瓜果雕刻，都可以达到很好的艺术效果。如图4-11就是一例自然形热菜的装饰点缀形式。

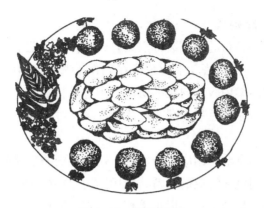

图 4-11　芙蓉鸡片

二、图案形式

图案形式是指菜肴在遵循图案的形式美法则的条件下，通过丰富的几何变化、围边装饰、原料自我装饰等多种形式，以一定的图案模式呈现，达到美观大方、诱人食欲的效果。它包括如下几种形式：

（一）几何图案构成

菜肴几何图案构成，是把烹制成熟的菜肴主、辅原料，按一定的构图形式进行装盘的一种装饰方法。在装盘时必须按照事先的设想有规律地排列、组合，形成排列、连续、间隔、对应等不同形式的连续性几何图案。其组织排列有散点式、斜线式、放射式、折线、波线式、组合式等。如图 4-12 "茭白虾片"一菜。

图 4-12　茭白虾片

（二）围边装饰构成

围边装饰，是在菜肴的周围装饰点缀各式各样的用瓜果原料切制拼摆而成的图案来美化菜肴的一种方法。围边装饰在制作工艺上应遵循以下四条原则：注意装饰原料组成的图案内容应与菜品协调；围边原料必须卫生可食；制作工艺简单，易于推广；围边原料色彩、图案应清晰鲜丽、对比调和。

1. 围边原料

一般根据不同的季节选用应时新鲜的、色彩艳丽的绿叶蔬菜和瓜果，在口味上多咸鲜清淡。不同风味特色的菜肴，所用围边原料往往有很大的差异。煎炸菜肴常配爽口的原料，甜味菜肴多以水果相衬。围边原料在制作之前必须经过洗涤消毒处理，操作时要有专用的刀具和菜板，严格注意卫生。

2. 围边装饰形式

围边装饰形式又分为平面围边装饰、立雕围边装饰和菜品围边装饰。

（1）平面围边装饰　以常见的新鲜水果、蔬菜做原料，利用原料固有的色泽和形状，采用切拼、搭配、雕刻、排列等技法，组合成各种平面纹样，围饰于菜肴周围或点缀于菜盘一角，或用作双味菜肴的间隔点缀等，构成一个错落有致、色彩和谐的整体，从而起到烘托菜肴特色、丰富席面、渲染气氛的作用。平面围边装饰形式一般有以下几种：

全围式花边：即沿盘子的周围拼摆花边。这类花边在热菜造型中最常用，它以圆形为主，也可根据盛器的外形围成椭圆形、四边形等，其基本构图见图4–13。

图4-13　菊花滑鸡柳

半围式花边：即沿盘子的半边拼摆花边。它的特点是统一而富于变化，不求对称，但求协调。这类花边主要根据菜肴装盘形式和所占盘中位置而定，但要掌握好盛装菜肴的位置比例、形态比例和色彩的和谐。其基本构图形式见图4-14。

图4-14　翠珠鸭舌

对称式花边：即在盘中制作相应对称的花边形式。这种花边多用于腰盘，它的特点是对称和谐，丰富多彩。一般对称花边形式有上下对称、左右对称、多边对称等形式。其基本构图见图4-15。

图4-15　牡丹鱼肚

象形式花边：根据菜肴烹调方法和选用的盛器款式，把花边围成具体的图形，如扇面形、花卉形、叶片形、花窗格形、灯笼形、花篮形、鱼形、鸟形等。其基本构图见图4-16。

图 4-16　宫灯照明珠

点缀式花边：所谓点缀花边，就是用水果、蔬菜或食雕形式，点缀在盘子某一边，以渲染气氛、烘托菜肴。它的特点是简洁、明快、易做，没有固定的格式。一般是根据菜肴装盘后的具体情况，选定点缀的形式、色彩以及位置。这类花边多用于自然形热菜造型，如整鸡、整鸭、清蒸全鱼等菜肴。点缀花边有时是为了追求某种意趣或意境，有时是为了补充空隙，如盘子过大，装盛的菜肴显得分量不够，可用点缀式花边形式弥补因菜肴造型需要而导致的不足等。其基本构图见图 4-17。

图 4-17　四辣果味鱼

　　中心与外围结合花边：这类形式的花边较为复杂，是平面围边与立雕装饰的有机组合，常用于大型豪华宴会、筵席。选用的盛器较大，装点时应注意菜肴与形式统一。中心食雕力求精致、完整，并掌握好层次与节奏的变化，使菜肴整齐美观，丰盛大方。其基本构图见图4-18。

图 4-18　炸板虾

　　（2）立雕围边装饰　这是一种主要用食雕作品装饰的围边形式。一般配置在筵席的主桌上和显示身价的主菜上。要注意选用的立雕作品内容与菜肴协调。立雕工艺有简有繁，体积有大有小，一般都是根据命题选料造型，如在婚宴上采用具有喜庆意义的吉祥图案，配置在与筵席主题相吻合的席面上，能起到加强主题、增添气氛和食趣、提高筵席规格的作用。其基本构图见图4-19。

图 4-19　绣球金针菇

（3）菜品围边装饰　也可称菜肴自我围边装饰。它是利用菜肴主、辅原料，烹制成一定的形象，按照一定模式装盘，菜肴自身进行装饰陪衬的一种方法，如制成金鱼形、琵琶形、花卉形、几何形、玉兔形、佛手形、凤尾形、水果形、橄榄形、元宝形、叶片形、蝴蝶形、蝉形、小鸟形等的单个原料按形式美法则围拼于盘中，食用与审美融为一体。这类围边形式在热菜造型中运用最为普遍，它可使菜肴形象更加鲜明、突出和生动，给人一种新颖雅致的美感。菜肴"灯笼海参"即为一例，见图4-20。

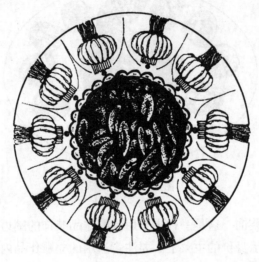

图4-20　灯笼海参

三、象形形式

是指把菜肴塑造成一定的具体形象，这个形象或与模拟对象酷似，让食客一眼就能看出；或在"似与不似之间"，让人浮想联翩，得到一种含蓄雅致的美感，这也是热菜的特性所决定的。热菜象形造型虽不是艺术，但运用了艺术原理，满足了人们在就餐中视觉享受的需要。因此，创制这类菜肴时需要仔细分析对象，捕捉原料的固有特征，努力挖掘原料和烹饪技术领域中有趣的可塑造的题材，精心构思，并从食客的食用和审美需要为出发点进行烹饪和造型。

在热菜进行象形造型时，要求作者在烹调过程中，力求突出菜肴原料的色泽美和形态美。大胆舍弃那些次要的，有碍菜肴质地、营养和形式美表现的枝蔓，避免过分刻画细微之处，防止因局部的过分渲染而损害了菜肴的整体效果。在苏州佳肴"松鼠鳜鱼"一菜中，创作者没有去追求菜肴形式与松鼠的惟妙惟肖，也没有留意那动人的"松鼠"尾巴等细节，而是结合烹调技法中的油炸造型特征，突出翻卷的鱼肉条与"松鼠"形与色的相似。"松鼠"的头和尾仍是鱼的头和尾。面对盘中的这只"四不像"，食客不仅未觉不真，反而从这道菜的造型"神似"中引发出一些与松鼠有关的联想及自然、纯朴、生动、活泼、雅致的情趣，从而得到美感和愉悦。假若我们一味地去追求形象逼真，用萝卜或其他可塑原料雕刻"松鼠"的头和尾，那么，这种含蓄高雅之美将荡然无存，其结果反而显得牵强造作，食之让人倒胃口。其原因就是违背了人们简洁、单纯、大方的饮食和审美需求。

在热菜造型形式中，不同的造型手法会产生不同的效果。我们主张热菜造型求"神似"，但并非完全放弃"形似"的造型手法，有的菜肴的"形似"同样令人激动，使人赞叹不已，胃口大开。关键是二者都必须遵循"实（食）用为主，审美为辅"的美学原则和烹调工艺规律，才能创作出色、香、味、形、意为一体的佳肴。热菜造型的象形形式一般有两种表现方法：一是写实手法，二是写意手法。

1. 写实手法

这种手法以物象为基础，加以适当的剪裁、取舍、修饰，对物象特征和色彩着力物象原样塑造表现，力求简洁大方，生动逼真。例如，"春光美"一菜是以鳜鱼为主料采用写实手法塑造成蝴蝶和牡丹花，用火腿和黄瓜皮做成"蝴蝶花纹"，新颖别致，造型优雅大方，整体构图统一和谐，能充分使人感受到春的气息和春光的美丽。

2. 写意手法

写意不是像写实那样，在物象的基础上加以调整修饰就可以了，而是必须把自然物象进行一番改造。它完全可以突破自然物象的束缚，充分发挥想象力，运用各种处理方法，给予大胆的加工和塑造，但不失物象的固有特征，符合烹调工艺要求，将物象处理得更符合"实（食）用为主，审美为辅"的原则，在色彩处理上也可以重新搭配。这种变化完全给人以新的感觉，使物象更加生动活泼。例如"蝴蝶鳜鱼"一菜，此菜造型以鳜鱼为主料，借助鳜鱼去骨后两扇带尾鱼块与蝴蝶翅膀形象相似的特点，运用图案变形中的写意手法，对物象的局部进行延伸，使之既具有蝴蝶的形象特征，又有原料自身形态的特点。整个造型色彩淡雅，清新。由于原料的形态选择恰当，其实（食）用价值和观赏价值极高。

通过以上热菜造型的制作形式可以看出，热菜造型形式与冷菜造型形式的较大区别在于，冷菜造型是采用烹制过的原料，根据筵席主题内容设计冷盘造型形象，在一定程度上可以精切细拼；而热菜造型与制作为一体，是在选料、加工、烹制、装盘等程序完成的基础上一气呵成。

第四节　面点造型艺术

面点造型是将调制好的面团和坯皮，按照面点的要求包以馅心（或不包馅心），运用各种造型手法，以自然美和艺术美的方式，捏塑成各式各样的成品和半成品。面点造型的基本功用在于给进食者以自然的美感，从而增进宾客食欲，给人以欢乐的情趣和艺术的享受。

我国面点品种繁多，制作精巧，美味可口，富于营养，工艺简易，造型生动，色彩鲜明，装盘美观，注重食用与欣赏的结合。在国际交往的筵席上，花色造型面点受到中外来宾的广泛赞扬，并被誉为"食的艺术""艺术杰作"。

一、面点造型艺术特点

面点造型素以色、香、味、形、质、养俱全著称于世，面点造型的艺术特点主要体现在以下几个方面：

（一）雅俗共赏，品类多样

品种丰富多样，按成形的程序来分，可分为三类：第一，先预制成形后烹制成熟，绝大多数糕点、包饺等都是采用此法，包成馅心后即成形状；第二，边加热边成形，这包括小元宵、藕粉圆子、煎饼、刀削面、拨鱼及各式炒面、汤面等品种；第三，加热成熟后再处理成形，多用于凉糕，如凉团、如意凉卷、年糕等。

按成形的手法来分，可分为揉、搓、擀、卷、包、捏、夹、剪、抻、切、削、拨、叠、捧、按、印、钳、滚、嵌等。按制品完成的形态分，又可分为饭、粥、糕、团、饼、粉、条、包、饺、羹、冻等。如按其造型风格来分，可分为简易型、雕塑型、图案型、拼摆等；按其体态分，先分为固态造型、液态造型（汤羹），还可以分为平面型、立体型；按其色调来分，可分为淡素型（如白色类包饺、水晶类冻糕等）和有色型（如苏式船点、四喜饺等）；按其造型的特征来分，可分为圆形（大圆形、小圆形）、方形、椭圆形、菱形、角形等；按其造型品类分量来分，可分为整型（苏州艺术糕团）、散型（大葱饼改刀散装）、单个型、组合型（如百花争艳、鸳鸯戏水）等。

（二）食用与审美紧密结合

面点造型制作有其独特的表现形式，面点师们用精巧灵活的双手，通过一定的艺术造型手法将其塑造而成，使人们在津津有味食用的同时感受到一种心旷神怡般美的享受，勾起人们美好的联想。此外还会起到烘托气氛，增进食欲的作用。

面点造型艺术融食用与审美于一体，食用是它的主要目的。因此，面点造型艺术中一系列操作技巧和工艺过程，都应围绕着这个目的进行，使它既能满足人们对饮食的需求，又能让人们得到一种美好的视觉享受。

1.食为本，味为先

造型面点是味觉艺术。美食的真谛在于"味"。面点制作的一系列操作程序和技巧，都是为了制作出具有较高食用价值、营养价值，并能给予人们以美味享受的面点，这是制作面点的关键所在。如果面点的造型脱离了味觉上的美感，成为形色迷人，但味觉很差的东西，那就不能称其为美食。中国面点讲究色、香、味、形、器和谐，其品评标准当是以"味"为先。所以，在制作花色造型面点的时候，首先要强调以食为本的原则，如果脱离了这一原则，单纯地去追求艺术造型，就会偏离烹饪的根本目的，做出"金玉其外，败絮其中"只好看而不好吃的品种，这样的产品我们的宾客是不欢迎的。

2.重形态，求自然

面点是造型艺术，面点制作的美观外形取决于面点的"色"和"形"。面点制作除了味觉形式因素以外，还具有一般的造型艺术特征。因此，制作花色造型面点在追求其味美的同时，也必须塑造出美的视觉形象，这有助于诱发人们的食欲。毕竟，面点制品是要被人们食用后才能感觉出美味的。再美味的点心，如果丑陋的外在形态使得没有人愿意去品尝，那也无从去体现它的口味，就更谈不上什么食用价值、营养价值了。

面点的形，主要是在面团、面皮上表现出来的。自古以来，我国面点师就善于用面团捏制形态各异的花卉、鸟兽、鱼虫、瓜果等，进而增添面点的感染力和食用价值。造型面点的形态和色彩是人们的视觉首先感知到的，"先声夺人"，给人的感受最强烈。"货卖一张皮"，这是被公认的商品销售心理。尤其在当今的商品经济时代，外观好的花色造型面点，更能赢得顾客的青睐，从而给企业创造更好的经济效益和社会效益。

在制作面点造型时，我们要倡导和发扬面点艺术的自然美，顺应现代艺术发展大趋势，力求向简洁、明快、抽象的风格方向发展，坚决摒弃那些烦琐装饰、刻意写实、矫揉造作、添枝加叶的做法。在色彩方面以自然色彩为上，体现食品的自然特色。色彩可以给人们的情感产生极大的影响，自然、丰富的色彩不仅能影响人们的心理，而且能增强人们的食欲。色彩与造型的完美结合，可使面点制品达到较高的艺术境界。如果制品的色彩太单调，不能很好表现主题的情况下，也可适当添加，但应以天然色素为主。面点制品色彩要淡雅，乱加色素、浓妆艳抹只能让人感觉俗不可耐。

（三）精致的立塑造型手法

面点的立体造型，是内在美与外在美的统一。经过严格的艺术加工，精致玲珑的艺术形象，能对食者产生强烈的艺术感染力。面点造型与美术中的雕塑手法十分接近，可以说，面点造型工艺是一种独特的雕塑创作。

面点的造型，是通过一系列精湛的操作技艺而包捏成各种完整形象的，有各自不同的形态、色彩和表现手法，是各种整体造型的艺术缩影。如通过折叠、推捏而制成的孔雀饺、冠顶饺、蝴蝶饺，通过包、捏而制成的秋叶包、桃包；通过包、切、剪而制成的佛手酥、刺猬酥；通过卷、翻、捏而制成的鸳鸯酥、海棠酥、兰花饺以及各种花卉、鸟兽、果蔬的象形面点和拼制组合图案等品种（见图 4-21）。

图 4-21　佛手包

面点立塑造型方法，是利用各种面团的不同特性（如冷水面团的柔韧性、延伸性，澄面的可塑性等），采用各种不同的成型手法使其塑造成各种形象的手法。这种造型方法是技巧与艺术的结合，难度比较大，它要求面点师不仅要有娴熟的立塑技艺，熟练地掌握坯皮的特性、包捏的限度以及在加热过程中的变化规律，还要有较高美术知识及艺术修养，这样才能使作品达到完美的艺术境界。

（四）操作的艺术观赏性

面点的造型艺术类似于微雕艺术，每个品种都是栩栩如生、小巧玲珑的精美艺术品，有较高的欣赏性，此外，面点造型的操作更给观赏的人们带来耳目一新的感觉。面塑制作时，一块普普通通的面团转眼间从面点师的手中变出一个栩栩如生、做工精致的卡通造型；制作拉面时，面团在师傅面前舞来弄去瞬间变成千万根银丝，或者是片片雪花般的面片准确无误地落入汤锅，那种感觉绝不亚于看一场大师级的魔术或小品表演。

面点造型操作和其他艺术一样，具有较高的观赏性，也越来越受到人们的喜爱。如今，许多高级宴会上和新闻媒体上都可以看到大师们精湛的表演。

二、面点造型艺术的要求

（一）掌握坯料性能

不同的面点造型对面团性质有不同的要求，大部分的面点造型具有较强的立体感，这些面点造型选用的面皮坯料必须有较强的可塑性，且质地细腻柔软，才能具备面点立塑的基本条件。糯米、粳米、薯类制成的面团都具有这种特性；面粉和的面团和烫面的可塑性较强，可用于一些相对复杂的面点造型，如花色蒸饺、四喜饺等；一些简易的造型点心，如象形点心"寿桃""菊花花卷"等，可采用发酵面团（最好用老面发酵的嫩酵面，以免熟制后变形）制作；薯类作皮，须加入适当的辅料，如糯米、面粉、鸡蛋、豆粉等，才便于成形；用澄粉作为粉料的面团色白细滑，可塑性强，透明度好，最宜制作一些象形花色品种如"硕果粉点""水晶白鹅""玉兔饺"等，造型逼真，色泽自然。

（二）配色技艺有方

配色技艺，是面点造型艺术的重要组成部分。在我国面点的色彩运用上，前辈面点师通过长期实践，创造了多种多样的用色方法和自然和谐的面点色彩。面点造型艺术把生动的造型与鲜艳的色彩交织在一起，既给人以艺术美的享受，又具有诱发食欲的魅力。

面点的色彩讲究和谐统一，有的以馅心原料的天然色泽配色，如以火腿的红、青菜的绿、熟蛋清的白、蟹黄的黄、香菇的黑配色，制成鸳鸯饺、一品饺、四喜饺、梅花饺等；有的利用天然色素配色，例如红色的红曲粉、苋菜汁、番茄酱，黄色的鸡蛋黄、南瓜泥、姜黄素，绿色的青菜或麦汁、菠菜汁、荠菜、丝瓜叶捣烂取汁，棕色的可可粉、豆沙，等等；另外，有的用合成食用色素。面点的色彩只要满足简易的组合和配置即可，过多地用色和不讲卫生的重染，不仅起不到美化的目的，反而会适得其反，让人恶心。面点造型艺术是吃的艺术，其色彩的运用应始终以食用为出发点。坚持本色，少量缀色，是面点配色的基本方法。

（三）馅心选用适宜

为了使面点的造型美观，艺术性强，必须注意馅心与皮料的搭配相称。一般包饺馅心可软一些，而花色象形面点的馅心一般不宜稀软，否则，会影响皮料立塑成形，容易出现软、塌甚至露馅等现象，而影响面点造型艺术的效果。所以不论选用甜馅或咸馅，用料和味型都必须讲究，不能只重外形而忽视口味。若采用咸馅，烹汁宜少，并制成全熟馅，尽量做到馅心与面点的造型相搭配。如做"金鱼饺"，可选用鲜虾仁作馅心，即成"鲜虾金鱼饺"；做花色水果点心，如"玫瑰红柿""枣泥苹果"等，则应采用果脯蜜饯、枣泥为馅心，务必使馅心与外形互相衬托，突出成品风味特色。

（四）造型简洁夸张

面点造型艺术对于题材的选用，要结合时间、心理因素和环境意识，以采用人们喜闻乐见、形象简洁的物象为佳。如喜鹊、金鱼、蝴蝶、鸳鸯、孔雀、熊猫、天鹅等。面点造型艺术的关键是要熟悉生活，熟知所要制作的物象的主要特征，抓住特征，运用适当夸张的手法制成，就能收到食品造型艺术美的效果。如捏制"玉兔饺"，只需把兔耳、兔身、兔眼三个部位掌握好，把耳朵捏得长些、大些，身子丰满，兔眼用红色原料嵌成，这样就会制作出逗人喜爱的小白兔。又如"金鱼"应着重做好鱼眼和鱼尾；"天鹅"的突出特征是颈和翅，要对这两个部位进行适当夸张变化。这种夸张的造型手法，就是要妙在"似与不似之间"。如过分讲究逼真，费工费时地精雕细琢，一是在手中操作时间过长，食品易受污染；二是不管多漂亮的点心，一经上桌观赏，即入口腹，没有久贮的价值。若过于追求奇巧，不免趋于浪费，甚至弄巧成拙，影响人的食欲。所以，面点造型艺术不必丝丝入扣。

（五）盛装拼摆得体

前面讲过，一盘面点是许多单个面点组合的艺术整体，所以盛装拼摆技艺也是面点造型的重要一环。面点立塑需要精湛的技艺，美妙的造型，而装盘也不可马马虎虎，上下堆砌，随便乱摆。应根据面点的色、形而选择合理、和谐的器皿，运用盛装技术按照一定的艺术规律，把面点在盘中排列成适当的形态，突出面点的色彩，呈现立塑的形态。也可在点心旁边摆些面塑花草等进行装饰，或利用琼脂调色打底为象形点心塑造出和谐的氛围。总体要求是：对称、和谐、协调、匀称。如在第三届全国烹饪大赛的获奖作品中，选手将九层马蹄糕处理成梅花的花瓣，另用糕坯刻画成苍劲的树干做衬托，整个作品似一幅国画画面，显示出作者高超的技艺和良好的艺术修养。总之，面点造型应切拼适宜，和谐统一，使人感到一盘面点整体是一幅和谐的画面，单个面点是一只只活灵活现的艺术精品。

第五节　食品雕刻造型艺术

食品雕刻，是我国饮食文化遗产的一个重要组成部分，在美化筵席、装饰菜点等方面起着重要作用。近年来，随着人们精神文明和物质文明水平的不断提高，中外饮食文化交流以及饮食知识结构的变化，食品雕刻有了更大的发展，作为一种食品造型艺术备受人们的喜爱和重视。

一、食品雕刻的应用范围

食品雕刻，是烹饪工作者用以美化筵席，追求"美食"的一种造型艺术手段。寓意深刻、形态逼真、刀法精湛的食品雕刻造型，不仅可以烘托宴会主题，活跃宴会气氛，还能使宾主赏心悦目，得到美好的艺术享受。

食品雕刻的应用，大致上有下面几个方面：

（一）在大中型宴会上的应用

食品雕刻在大型宴会上，主要是用来美化环境，渲染气氛。中餐的大型宴会一般使用直径 1.5~2 米的圆桌，由于桌面比较大，中间摆放菜肴的话，客人不容易取食，因此通常在桌面中间摆放食品雕刻组成的花台。也常以花篮的形式用于餐桌上或餐厅休息室的茶几上。另外在大型酒会、自助餐的餐桌菜点后面摆放一排花台，或干脆就摆放一些大型画面的组雕，如百鸟朝凤、孔雀争艳、松鹤延年等作为一个单独的看台，供宾客们欣赏。

（二）在菜点中的应用

在高档筵席的菜肴中，经常采用造型优美的花卉、动物、山水风光和器具等食品雕刻作品。一个内容和谐的食雕作品与菜点巧妙结合，可以使菜点上升为一件美味可口的艺术品。食品雕刻在菜点上的应用是有一定讲究的，要明白它始终是为菜点的装饰和点缀而出现的，无论在什么时候，菜点都应该是主体，因此，雕品的比例和面积不能太大。另外，还要特别注意雕品的卫生，对于一些非食用的生鲜雕品，要与菜点进行妥善的隔离，避免污染菜点。

食品雕刻的运用十分灵活，在应用中要注意宴会的性质、级别以及客人的实际情况，还要注意雕品要紧扣宴会主题，精心构思，顺应自然，和宴会的主题相辅相成，才能锦上添花，达到好的艺术效果。此外，我们烹饪工作者要强调注重菜点的质量，只有菜点的质量过硬，配以合适的雕品装饰，才能达到食用性和艺术性的高度统一。切忌"逢宴必雕、每菜必饰"。

二、食品雕刻的作用

食品雕刻的作用实际上包含两方面的意思，一方面它起到了弘扬饮食文化，继承历史遗产，繁荣餐饮市场，提高企业知名度，促进烹饪的全面发展等作用；另一方面对于我们烹饪而言，它让人们在食用菜点的同时还能得到一种美好的艺术享受。这些作用概括起来，主要有以下几点：

（一）对菜点的点缀作用

雕品在菜点中主要用来点缀、衬托菜肴和点心，给菜点增加艺术色彩和艺术感染力，提高菜点的审美价值和档次。如，一只脆皮乳鸽或者几块蒜香排骨单独盛装在盘中，难免显得有些单调、呆板，在一侧放上一朵萝卜花，便马上感觉生机盎然，鲜亮明快，使菜肴增色不少。在实际应用中，大部分的雕品都是用于点缀菜肴，为衬托菜肴而制作的。

（二）菜肴的一个组成部分

有些菜肴必须和雕品一起，才能组成一个完整的整体，不能缺少，否则就会对菜肴的整体形象产生很大的破坏。在这些菜肴之中，雕品是一个重要的有机组成部分，没有雕品的存在，菜肴就不能成为一个完美的作品。这种形式多见于冷菜，如冷菜"孔雀展翅""龙凤呈祥"等。在热菜中如处理得当，也能取得很好的效果，如青岛十大风景菜，便是其中的典范。但是，这样的应用，一定要注意雕品的卫生，并进行相应的隔离。

三、食品雕刻的步骤

食品雕刻制作起来比较复杂，在创作时需要有一定的次序，要按计划分步骤进行，否则易造成返工和原料浪费。食品雕刻制作的一般程序是：命题—设计—选料—布局—雕刻—修饰等。

（1）命题　就是要了解宴会的主题及其对食品雕刻的要求，以此确定所要雕刻作品的题目。如选用"鸳鸯戏水"的作品来装饰婚事餐台，选用"寿比南山"

的作品来装饰寿宴，等等。

（2）设计　根据命题设计雕刻作品的规格、内容、形式，设计出初稿，经过仔细推敲、研究，确定最后的图稿与雕制方案。

（3）选料　根据构思确定的图稿进行选料，对原料的品种、色泽、质地、大小、形状等进行挑选，尽量利用原料的自然形状和色泽进行雕刻制作，尽量少使用牙签和胶水对作品进行拼凑组合。

（4）布局　又称构思，在选题时就已经有了初步的酝酿，选料后进行全面的思考和充分的分析。如雕刻作品的高低、大小、色彩搭配等。例如，制作"龙凤呈祥"的作品，龙和凤的位置怎样摆放、两者的比例、各自造型的走向等，以及祥云的片数等问题均要考虑周到细致，方可着手制作。

（5）雕刻　是各个步骤中最重要的一环，依据设计好的方案对原料进行雕刻，采用多种刀具，使用多种刀法刻出所期望的形象，所有前阶段的准备在此得以实现。

（6）修饰　将雕刻成的作品，进行适当的修饰、整理，使之更加完善，有的需用清水稍加浸泡，有的还需做染色。此外，还有点缀小草或小树枝等辅助工作。

四、食品雕刻的原料

食品雕刻一般都使用具有脆性的瓜果，也常使用熟的韧性原料。在选料时必须注意：脆性原料，要脆嫩不软，皮中无筋，形态端正，内实不空，色泽鲜艳而无破损；韧性原料，要有韧性，不松散，便于雕刻。由于雕刻的原料种类很多，在色泽、质地、形态等方面各有不同，雕刻时应根据作品的实际需要，适当选料，才能制作出好的雕刻作品来。

常用的食品雕刻原料特性及用途如下：

（一）根茎类原料

（1）白萝卜：质地嫩而细密、体大肉厚、颜色洁白、便于配色，是雕刻花瓶、花卉以及整雕的鸟、兽、虫、草、人物、亭阁等形象的好材料。

（2）红皮萝卜：体大肉厚、肉质纯白洁净，还有一层薄薄的、鲜红可爱的表皮，可以用它来进行刻画优美的、红白相衬的形象和图案，也可用来雕刻各种形状的花朵。

（3）心里美萝卜：外皮呈翠绿色，肉质呈粉红、玫瑰红或紫红色，内心紫红，最适合用来雕刻花卉，如紫玫瑰、紫月季、牡丹、菊花等。

（4）青萝卜：皮和肉均为翠绿色，肉质紧密，常用来雕刻绿色的菊花、牡丹、孔雀、螳螂、蝈蝈及羽毛为绿色的小鸟等。

（5）紫萝卜：表皮和肉质均呈深紫色，体长，可用于雕刻紫花、紫月季以及多种小花。

（6）胡萝卜：肉质细密，颜色以鹅黄色和橘红色最为常见，是雕刻菊花、月季花、牵牛花、喇叭花、梅花、金鱼等理想的原料，也常常被用来刻制各种花卉的花蕊，多种飞禽的喙、爪以及各种用以点缀的图案，是一种使用最为广泛的盘饰雕刻原料。

（7）红菜头：皮和肉质均呈玫瑰红、深红色或紫红色，色彩浓艳润泽，间或有美观的纹路，是雕刻牡丹、菊花、蝴蝶花等花卉的理想原料。

（8）芜菁：体大肉实，呈淡绿色、白色或红色，可用来刻制多种花卉、动物等图案。

（9）苤蓝（球茎甘蓝）：呈圆形或扁圆形，肉厚，皮和肉均呈淡绿色，可用以雕刻花卉、小鸟等。

（10）土豆：肉质细韧，多呈中黄色或白色，也有粉红色的，可用以雕刻花卉、动物和人物等。

（11）白薯：呈粉红色或浅红色，肉质有"白瓤"和"红瓤"之分，白瓤呈肉色，质地细密，可用以雕刻各种花卉、动物和人物。

（12）芋头：又名芋菜头，呈圆形，肉质红细，适宜雕刻花朵、人物、鸟兽等。

（13）凉薯：皮土黄色，肉白色，质地细密，可以用来刻各种花卉、动物，南方多用来做外面雕花、内部镂空填以豆沙等馅的甜食。

（14）洋葱：形状有扁形、球形、纺锤形，颜色有白色、浅紫色和微黄色。葱头质地柔软、略脆嫩、有自然层次，可用以雕刻荷花、睡莲、玉兰等花卉。

（15）大葱：用途不大广泛，一般只用其葱白，色泽洁白、有层次，可用以雕刻小型菊花、花鼓葱或小野花等。

（16）莴笋：即莴苣，又名青笋、莴菜。莴笋茎粗壮肥硬，叶有绿、紫两种。肉质细嫩且润泽如玉，多翠绿，亦有白色泛淡绿的，可以用来雕刻龙、翠鸟、菊花、各种小花、各种图案以及镯、簪、服饰、绣球、青蛙、螳螂、蝈蝈等。

（二）瓜果类原料

（1）黄瓜：外皮呈黄绿色和深黄色，肉质为淡青色或青白色，用于雕刻船、盅、青蛙、蜻蜓、蝈蝈、螳螂等。黄瓜皮可以单独制作拼摆的平面图案，也可根据需要与其他原料配合用于装饰菜肴，是使用最为广泛的盘饰原料之一。

（2）南瓜：肉质硕大肥厚，是雕刻大型食雕的最佳原料。上端实心的长形"牛腿瓜"，用以雕刻各种黄颜色的花卉，如菊花、玫瑰、月季及立体凤、孔雀，等等。此外，南瓜也是雕刻龙、牛、马、狮、虎等大型动物、人物、篓、编织类造型和亭台楼阁及车辇的适宜原料。

（3）笋瓜：表面光滑，肉质细密，可用以雕刻花卉、人物、动物、亭台楼阁，亦可用来做其他造型物的基座。

（4）西葫芦：呈长圆形，表面光滑，外皮为深绿色，间或黄褐色，肉呈青白色或淡黄色，肉质较南瓜、笋瓜稍嫩，可用以雕刻花卉和动物、人物、山水风景等。

（5）西瓜：一般用于雕制西瓜灯或西瓜盅。由于瓜皮和肉质颜色有深浅差别，故常取整个瓜在其表皮上进行刻画创作，具有较高的艺术欣赏性。

（6）冬瓜：可进行与西瓜相似的浮刻创作，也通常用来雕刻大型的瓜盅、花篮及甲鱼背壳和大型的龙舟等。

（7）西红柿：其果肉较嫩多汁，无法刻制出较复杂的形象，只能利用其皮和外层肉进行简单造型花卉，如荷花、单片状花朵等。除此以外，还可以作菜肴装饰或雕刻成小盅盛装菜肴等。

（8）茄子：可单独用来雕刻花卉等，亦可利用表皮色彩作为其他造型的装点色。

（9）柿子椒：其肉质不丰厚，且内空，故不能用作造型复杂的雕刻原料，可用以小型整雕青蛙或雕刻单层瓣、最多双层瓣的花卉。由于其色泽优美，常用来做拼摆和平面雕刻的材料，也是装点其他造型的材料。

（10）樱桃：小圆果，皮肉均呈鲜红色。樱桃可刻制小花，也是拼摆创作的好材料，常被用作装点材料。

除上述瓜果外，甜瓜、菜瓜、苹果、柑橘、菠萝、猕猴桃等，都可视情况作为食品雕刻的原料。

（三）叶菜原料

叶菜类原料主要为大白菜，有的地方称黄芽菜。一般使用时去外帮，切去上半截叶子，留下半截靠根部的菜帮儿使用。色泽清爽淡雅，有自然层次，常用来作为雕刻菊花等花卉的原料。此外，大白菜也常用来作为花卉、花盆及人物造型衣裙的填衬物。

（四）熟原料

（1）鸡蛋糕：有红、白、黄、绿色，要选用一定面积和厚质、质地均匀细腻、着色一致的原料，用于刻龙头、凤头、亭阁等物，以及简单造型的花卉。

（2）整只蛋：如鸡蛋、鸭蛋、鹅蛋等，加工成熟后，改刀成形，用以点缀鸟的嘴、眼、翅及各种花形及花篮、荷花、金鱼、玉兔、白鹅、小猪等。

（3）肉糕：如午餐肉、鱼泥肉糕等，这类原料雕刻要求粗线条，主要显示轮廓，如宝塔、桥等，还可做辅助性原料，如翅羽、长羽及羽毛等。

（五）其他原料

在雕刻原料中还常用一些奶油、冰块、巧克力或琼脂等，这些雕刻原料用于食品雕刻，和常见的果蔬雕刻在形式上有些区别。近年来有些地方还把食盐、豆腐也用于了雕刻，使雕刻原料的范围有了很大的扩展。

五、食品雕刻技艺

（一）花卉雕刻

花是真诚、善良、美好的象征，最为世人所喜爱；食雕花卉应用范围最广泛，从大型宴会到家庭的餐桌都可用它来装点。

花卉雕刻是食品雕刻的基础，初学者在学习花卉雕刻的同时，可学习掌握一些造型艺术的基本知识和雕刻手法，为以后更进一步的雕刻学习打下良好的基础。

1.花卉雕刻的特点

（1）要根据雕刻对象的颜色选择原料，花卉雕刻一般都是利用原料自身的色泽和质地。

（2）在进行雕刻花瓣之前，一般要先将原料削成一定形状的粗坯。

（3）雕刻的顺序一般是由外向里，或自上而下分层雕刻。

（4）雕刻花瓣有时要使花瓣薄厚不一，以便在雕刻后经水泡自然翻转。

（5）花卉雕刻的刀法要视具体内容而定，一般采用直刀法、旋刻刀法、斜刀法、圆口刀法和翻刀法。

（6）花卉雕刻的重点是花朵雕刻，在组装时枝干及花叶一般采用自然花卉的枝和叶，或采用其他植物的枝与叶，很少另外进行雕刻。

（7）在雕刻多朵花卉时，要注意使每朵花卉的大小、形状以及花瓣的开放程度有所差别，富于变化。

（8）在花卉作品的布置上，花卉的组合、布局非常重要，在很大程度上决定了作品的艺术观赏性，在这一点上可借鉴插花艺术的优秀造型。

2.花卉雕刻的步骤（见图4-22）

（1）　　　　　　　　　　（2）　　　　　　　　　　（3）

图4-22　花卉雕刻

（二）鸟类雕刻

在自然界中，鸟类种类繁多，仪态万千，我们要善于观察，找出它们的共同点，如不同种类的鸟的头部、翅膀、羽毛、尾、爪等都具有相似的特点。此外，也要找出各种鸟类之间的区别和特征。依据鸟类的各种图像资料，了解鸟各部位的名称，掌握鸟的结构、动态及透视变化等问题，就可举一反三。因此，掌握鸟类的雕刻也并非是件遥不可及的难事。

1.鸟类雕刻特点

（1）根据雕刻对象的造型特点、大小选择合适的原料，或依据原料的自然形状因势进行雕刻。

（2）鸟类雕刻一般采用整雕手法，首先是整体下料，刻出大体轮廓，然后逐步进入精雕细刻的程序。

（3）雕刻鸟类的顺序一般是自上而下，从整体到局部雕刻。

（4）鸟类雕刻的刀法可根据雕刻者的自身喜好自由选择，灵活用刀。同一个部位的雕刻，可以有不同的表现形式。

（5）鸟类雕刻的重点是鸟类的动态把握，雕刻者要善于抓住鸟类姿态变化的一瞬间，创作出生动传神的造型。

2.鸟类雕刻的步骤（如图 4-23 仙鹤的雕刻步骤）

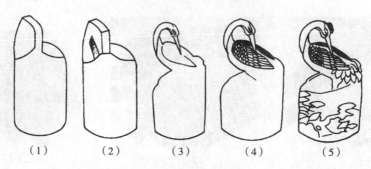

（1） （2） （3） （4） （5）

图 4-23　仙鹤的雕刻

（三）动物雕刻

在食品雕刻中，动物的形态造型所占比例较大。每种动物的形态千变万化，我们要准确抓住其一瞬间的优美姿态进行刻画。在雕刻前，要对雕刻对象进行深入细致的研究，到现场去观察或以动物各种图像资料为基础，深入了解各种动物的结构、比例，区别不同种类动物的特征。如畜类、兽类动物雕刻时，要查阅相关动物资料，了解其解剖结构，掌握在运动中动物脊柱的一般结构和弯曲规律，还要知道动物肌肉形成的一般形状，掌握肌肉的伸缩规律。在不同角度塑造形象的时候，心里要有一个三维立体的空间概念，把形象各部位的结构紧密连接起来，也可利用夸张、理想的手法进行设计创作。此外，不要忘记为动物造型塑造一个适宜的环境。

在动物的雕刻中，除了了解各种动物的特性外，更应注意"以形传神"和"以神传情"。有些动物要尽量避免形象本身的丑陋感，巧隐外露的厌恶状，"明知是动物，却要见人情"，来托物喻理，以象表意，使动物以温、柔、稚、舒、闲、聪、灵的仪态出现，给雕品留下深远含蓄、韵致俊逸的风采。

1.动物类雕刻的特点

（1）根据雕刻的主题形象选择雕刻手法，看是整雕、零雕整装、浮雕，还是镂空刻。

（2）依据雕刻对象的脾性、特点、动态大小选择合适的原料，或依据原料的自然形状因势进行雕刻。

（3）动物类雕刻一般采用整雕和零雕整装相结合的形式。

（4）雕刻动物类的顺序一般是整体下料，先削出动物的动态轮廓，然后再自上而下地逐步进行精细雕刻。

（5）动物类雕刻的刀法较为多样，常选用直刻、插刻、旋刻。雕刻时可根据对象灵活用刀，在体形结构的雕刻刀法上宁方勿圆。

2. 动物雕刻的步骤（见图4-24）

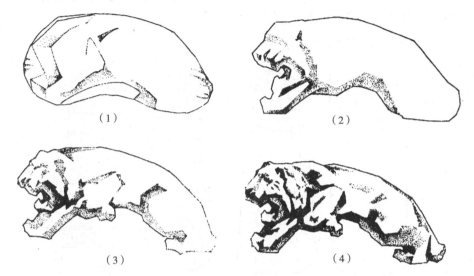

（1）　　　　　　　　　　　　　（2）

（3）　　　　　　　　　　　　　（4）

图4-24　猛虎下山

（四）风景雕刻

风景雕刻在筵席和菜肴中出现，其主要目的是增添情趣，刺激食欲。因此，造型一般以园林景点为主，楼台亭阁、奇峰怪石、花木山水都是雕刻的极好题材。景点中的花木形态万千，层层叠叠，亭阁错落有致、丰富多彩；山石起伏跌宕、有刚有柔；古塔高耸入云，形式多样。在雕刻中要充分掌握这些特点。

风景雕刻中具体物象复杂，层次也较多，在雕刻时应化复杂为简单，善于抓住造型重点，突出主题，提炼雕品的意境。如雕刻园林石峰，不仅要雕出它节奏变化的轮廓，而且要将石峰"瘦、漏、透"的特点充分地表现出来。从中国传统美学观来看，石品是人品的象征，石骨是风骨的写照，借石寓情，以石传神。故石峰与"岁寒三友"松、竹、梅及"幽谷芬芳"的兰，都成为了中国文人崇高气节的化身。因此，风景雕刻更能体现作者的思想，增添筵席的气氛。

1. 风景类雕刻的特点

（1）根据雕刻的主题形象选择雕刻手法，看是整雕、零雕整装、浮雕，还是镂空雕。

（2）依据雕刻对象的特点、气势大小来选择原料。

（3）风景雕刻一般采用零雕整装和整雕的手法。

（4）风景雕刻的刀法较为多样，一般古塔、亭阁、山石都用直刻手法；雕刻时，可根据对象的形态特点灵活用刀。

2.风景雕刻的步骤（见图4-25）

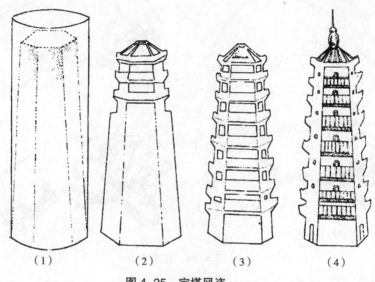

（1）　　　　　（2）　　　　　（3）　　　　　（4）

图4-25　宝塔风姿

（五）器物雕刻

器物类雕刻，大多取材于日常生活中的装饰观赏物品。其形式有出自于传统的陶瓷器皿，有来自民间的装饰形式，有精美的花篮、花瓶，有古玩及文房四宝，也有粗犷古朴的青铜器。把这些形象用食品雕刻表现出来，能够起到美化筵席台面、点缀菜肴的效果。

在食品雕刻中，一般以花瓶和仿玉雕造型为主，其形状多样，风格不一，所以表现在食雕上也没有固定格式。如花瓶造型，其外形形式多样，有仿动物形、花卉形、人物形等；内容丰富多彩，有山水图案、动物图案、花鸟图案、风景图案、人物图案以及装饰图案；雕刻风格各异，有直刻、镂空、浮雕、勾线、突环等多样手法。因此，在筵席中应根据筵席主题确立造型形式，再根据造型选择原料。

1.器物类雕刻的特点

（1）按雕刻设计的形象，选择原料的形态、质地和色泽。

（2）根据设计的形象和原料的特点选择雕刻手法，看是整雕、零雕整装、浮雕、镂空雕还是多种手法相结合。

（3）雕刻器物的顺序一般是整体下料，自上而下地逐步雕刻。

（4）器物雕刻的刀法较为多样。雕刻时，可根据对象灵活用刀。

2. 器物雕刻的步骤（见图 4-26）

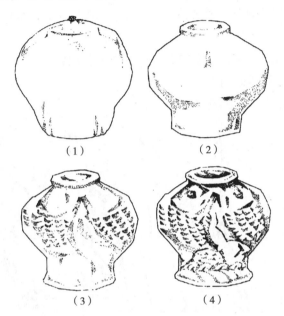

（1）　　　　　　　　　（2）

（3）　　　　　　　　　（4）

图 4-26　双鱼宝瓶

（六）人物雕刻

以人物造型为题材的食品雕刻，以其造型逼真、结构严谨、技术难度大而独树一帜。人物的雕刻除在人物形象、比例结构上有严格要求外，还要掌握人物的平衡、统一和节奏感。要记住：头部、胸部和骨盆部是人体结构中三个最大的体块，这三个部分本身都是固定的，不会活动的。当体块向前后左右屈伸、旋转、扭动时，就会产生人物的动作。了解人物的运动规律，我们就能在雕刻过程运用原料形态特点，以准确、简洁、明快的刀法塑造人物的动态。

人物雕刻的取材非常丰富。有民间传说中的故事人物，有现代装饰变形人物，有体育、舞蹈运动人物，还有卡通趣味人物等；一般雕品造型取决于宴会的规模大小、主题性质和时间、地点等因素。

人物雕刻手法多样，一般以整雕为主，其方法是根据构思的主题形象，在原料上找出它们适当的比例位置，自上而下地进行雕刻。雕刻人物的原料，一般以红薯、萝卜、南瓜和胡萝卜为宜。

1.人物雕刻的特点

（1）根据雕刻的主题形象选择雕刻手法。

（2）根据雕品人物的特点及动态变化选择原料。

（3）人物雕刻的顺序一般是从头部开始，由上及下，整体下料，分步修整雕刻。

（4）人物雕刻的刀法较为多样，一般依据人物的特点，掌握面部表情、神态和衣褶变化规律，灵活运用刀法。

2.人物雕刻的步骤（见图4-27）

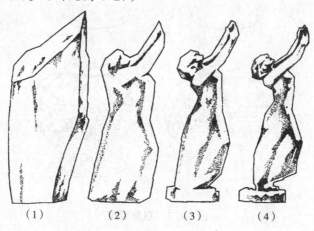

（1）　　　　（2）　　　　（3）　　　　（4）

图4-27　青春之歌

（七）瓜盅与瓜灯雕刻

1.瓜盅

瓜盅，是食品雕刻中最受人们欢迎的品种，它不但广泛运用于凉菜、花台，起到美化席面的作用，而且还广泛用于热菜之中。其作用不仅是为了盛放菜肴，更主要的是点缀菜肴和增添宴会气氛，很多初学者也往往从雕刻瓜盅入手来掌握雕刻技法。

瓜盅的刻法有两种：一种是浮雕法，另一种是镂空法。其中应用最多的是浮雕法；浮雕法主要又有两种形式：一是阳纹雕刻，所雕刻的图案向外凸出；另一种是阴纹雕刻，所雕刻出的图案向里凹陷。但在具体雕刻时，刀法的变化是很灵活的。同一个瓜盅可以有浮雕的阴、阳纹样，也可有镂空纹样出现，其表现手法和内容多种多样，但只要掌握基本刻法，就可以创造出丰富多彩的作品来。

（1）瓜盅雕刻的基本要求

①适合雕刻瓜盅的原料，一般以体大，内瓤空的瓜类为主，如西瓜、冬瓜、南瓜、香瓜等，因为这些瓜表面富有较强的表现力。

②瓜盅雕刻所用的刀具，主要是划线刀、V型刀、圆口刀，还可用直刀、斜口刀以及异形刀。

（2）瓜盅雕型的步骤

瓜盅，在果蔬雕刻中属刻画造型艺术。它主要是利用瓜皮与肉质颜色明显不同的特点，用深浅两种线条和块面，在瓜表面组成画面和图案。瓜盅不仅在雕刻技法上要求高，而且图案设计也至关重要，设计的效果直接影响瓜盅的雕刻。

瓜盅主要由盅本身和底座两个部分构成。盅又分主体和盅盖。

瓜盅雕刻，首先是设计与布局，制作者要根据瓜盅的结构特点和造型要求，从瓜盅的整体布局、主体设计、装饰点缀三方面进行构思。设计时，最好在纸上画出样稿，依据设计样稿即可着手雕刻。

雕刻时，先根据设计样稿用划线刀在瓜体的合适位置勾画出图案，然后再由瓜盅雕刻的具体形式（阴雕、阳雕或浮雕）确定，细心铲去图案以外的瓜皮或铲去图案内瓜皮而保留外面。在完成所有图案后，用尖刀小心地将瓜盖与瓜体以事先设计的形状分离，挖去瓜体内瓤即可。

2. 瓜灯

在食品雕刻中，瓜灯的雕刻难度较大，程序较为复杂。瓜灯雕刻就是用特种雕刻工具，在西瓜、香瓜等瓜果的表皮上，运用各种不同的刀法，把瓜果雕刻成带有花纹图案和特种瓜环的宫灯形状。

瓜灯的雕刻，除在其表面雕刻出一些可向外凸出的图案外，还要雕刻出一些环和扣，使瓜灯的上部和下部离开一定的距离。这些环扣不但起连接作用，而且形状要美观。雕刻完成后挖去瓤，瓜内置以灯具，可达到通室纹彩交映、别具奇趣的艺术效果。

（1）瓜灯雕刻的基本要求

①瓜灯雕刻一般分为构思、选料、布局、画线、引线、起环、剜瓤、突环、组装等步骤。

②选料、布局要根据构思，充分利用瓜灯的整体造型。

③线条要整齐划一，下刀要准确、均匀、平滑，剜瓤时要保持瓜壁厚薄一致。

④突环时要细心，以免碰断突环。

⑤突环后放在水中浸泡，使其发硬，便于整形。

⑥在应用过程中，要不断喷水，以防干瘪、变形。

（2）瓜灯的雕刻方法

一般选用1~1.5千克的深绿色西瓜为原料，且要求西瓜体圆，表皮光滑无斑迹，带瓜柄。

雕刻方法如下：

①依照圆规画圆的原理，用线和针在西瓜上画圆。第一道线距瓜柄约5厘米，第二道线与瓜柄相隔约10厘米，第三道线与第二道线相隔约8厘米，第四道线与第三道线相隔约5厘米。先划四道线，再按顺序雕刻。

②在瓜蒂与第四道线内用刀刻团寿环；在第三道线与第四道线之间用刀刻锁壳环；在第二道线与第三道线之间用刀刻鸟、鱼、虫等图案；第一道线与第二道线之间用刀刻窗环。

③用小号直刀，根据图案线条顺序雕刻。

④在窗环上口挖个圆洞，用勺口刀伸入瓜内，挖去瓤，接近瓜皮时不可过于用力，以防戳破瓜皮。皮壁的厚薄要均匀，以便装置灯时，灯光透射均匀。

⑤用金属细丝戳进瓜柄旁，穿在窗环的瓜皮中，为防止金属丝脱落，可用火柴梗垫起。在瓜蒂上挂上灯穗，其形如宫灯。

⑥在雕刻好的瓜灯中心置以灯具照明，亦可在瓜皮内点上小蜡烛照明。

（3）瓜环的雕刻方法

①方格环：a.刻瓜环线条。用直刀雕刻，左手抓住原料，右手执刀，刀身略向外斜，刀刃垂直插入原料表皮约2毫米，依照瓜环线条向前推进，刻制时，要求用刀均匀，行刀平稳，深浅一致，粗细相等，线条缝隙光洁无毛口（如图4-28）。b.起瓜环。用有弹性的小号直刀雕刻，用直刀将瓜环线条两边翘离原料里层，使原料表皮与里层脱离。然后，斜着插入刀刃，刀深约2毫米，循环线条缓慢地向前推铲出瓜环。刻制时，刀身与原料接触角度约25°，行刀平稳，起出的瓜环厚薄一致，瓜环光滑不裂（见图4-29）。c.挖瓤。用勺口刀剜挖，在瓜灯的上口刻一个圆洞，用勺口刀伸入内部，自上而下，逐层挖取原料内瓤，直至原料皮层。刻制时，要逐层向里剜挖，切忌操之过急，戳破皮层，损坏瓜环。d.切割。用镊子、直刀雕刻。将相对的两个瓜环用镊子挑起，两个瓜环相交，从里面的空隙中插进直刀，循线割穿皮层，使原料的表反环相连，里层分离。刻制时，切线光滑、准确、无遗漏（见图4-30）。e.突环。用中指伸入瓜灯内壁，轻轻推出瓜环，使瓜环线条突出于原料表皮。

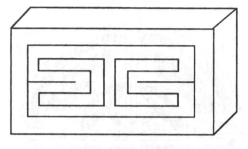

图 4-28　方格环

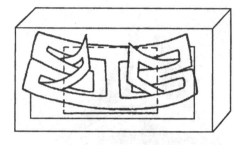

图 4-29　起瓜环

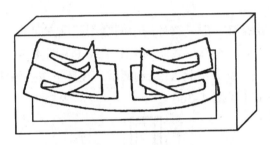

图 4-30　割瓜环

②窗格环：是在正方格的基础上多出几道突环，形似窗格。雕刻方法同方格环（见图 4-31）。

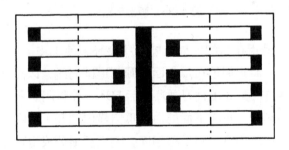

图 4-31　窗格环

③三角环、方形环、圆环：雕刻环形有所变化，但雕刻方法同方格环（见图 4-32）。

④双外突环：是在一般外突环的空余部分再雕突环，形成双层外突效果，其雕刻方法一般与外突环相同。如图 4-33 为半团寿字双外突环。

图 4-32　三角环

图 4-33　半团寿字双外突环

⑤内外突环：是指在一般外突环的中间雕刻相反方向的环，使中间部分向内突。其雕刻方法是：a.先在瓜皮表面画上十字线（见图 4-34）。b.画出环路（见图 4-35）。c.起环（黑体部分不起），待剜瓤后，在环下按点画线所示将瓜壁切断，点画线框内即向内突（见图 4-36）。

图 4-34　画十字线　　　　　图 4-35　画出环路　　　　　图 4-36　起环

⑥上下拉环：是指在瓜的圆周上雕一些突环，使瓜皮上下或左右分而不断。上下拉环的方法是：a.先用笔在瓜表面上画两道圆周线，以确定宽度。然后画出宝剑环路（见图 4-37）。b用直刀画环路后起环。先将阴影所示部分的绿色表皮与下面的白色瓜肉刻开，再将下面的白色瓜肉横向刻开（见图 4-38）。c.待剜瓤后在环下按点画线所示用割刀将瓜壁切断，刻完后能分成由环扣连接的上下两部分，最后将上下拉开（见图 4-39）。

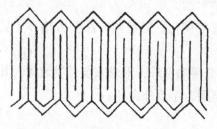

图 4-37　上下拉环——画出环路

图 4-38　上下拉环——起环

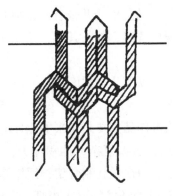

图4-39　上下拉环

第六节　糖塑造型艺术

糖塑，也叫糖艺，是指运用以白砂糖、葡萄糖浆等原料进行配比、熬煮等程序得到的糖体，按照造型的要求，通过不同的技法，以写实或抽象的方式，捏塑成具有一定审美特征的实物形象的一门技艺。糖艺造型一般以传统的拉糖、吹糖手艺为技术基础，再加上作者巧妙的创意和构思，合理运用各种糖体材料及配件精心搭配组合而成。这些操作的完成需要多年的实践和积累。近年来，随着社会的进步和发展，人们对精神文明和物质文明水平日益提高，中外饮食文化的交流也日渐频繁，糖艺作为我国食品造型艺术百花园中的后起之秀得到了很大的发展，越来越受到人们的喜爱和重视，犹如一颗冉冉升起的新星，开始在国际烹饪技能大赛的舞台上崭露头角。

一、糖塑的应用

糖塑起源于中国古代，最早是民间艺人挑着担子，在街头巷尾摆下一个小铜锅，一块石板，将事先熬制好的糖液用勺子在石板上浇淋出花鸟鱼虫、动物、公仔等各种形象图案。西方的糖塑由于科学技术的飞速发展以及西点蛋糕装饰的需要，近年来已经形成了比较科学规范的配方及工艺，随着中外文化艺术交流的影响，开始流行于国内，并被广泛运用于大型餐饮展台与中餐菜点的盘饰点缀。中华民族历来就是一个善于学习吸收并超越的优秀民族，国内的糖塑艺术家们把西方的糖艺和传统的"捏糖人"手艺结合在一起，形成了自己独有的中国特色糖艺风格。形态逼真、生动传神、晶莹剔透并带有东方神韵的糖塑艺术造型，极具视觉冲击力，不仅可以烘托现场气氛，如临其境，还能让人感受到一种如醉如痴的艺术盛宴。

糖塑艺术的应用大致上有以下几个方面。

1. 应用于大中型展台中

大中型展台中的糖塑艺术作品主要是用来美化环境，渲染气氛。这样的作品通常只用于欣赏，不能食用，造型复杂，体积庞大，工艺烦琐，费时较多。由于造型大，一般需要在制作前用铁丝扎制骨架，用糖体覆盖表面，然后再搭建主体，组装配件。大型作品对所处环境的要求极高，室内温度在 26℃以下，湿度控制在 50% 左右，否则作品容易垮塌。

2. 应用于菜点盘饰中

在高档宴席的菜点中，经常运用造型优美、线条简练、流畅的小型糖塑作品，作品形象或花草，或水果，或鱼虫，无论是何种实物形象或抽象造型，都能和谐地与菜点融合一体，形成一件美味可口的艺术品。糖塑作品在菜点上的应用是有讲究的，首先得是可以食用的糖制品，不能混入铁丝、牙签等杂物；其次要清楚它是美化菜点服务的，菜点是主体，体积不能太大、以免喧宾夺主。

糖艺作品的应用是十分灵活的，要注意主题、场合及客人的实际情况，作品应精心构思，顺应自然，才能达到好的视觉艺术效果。此外菜点的质量是主要的，色、香、味、形俱佳的菜点，配以合适的糖艺作品装饰，才能达到食用性、艺术性的和谐统一。

二、糖塑的主要原料

糖塑原料是作品成功的基础，质量良好的糖塑原料制作作品时往往得心应手、让人欲罢不能，达到事半功倍的效果，制作出来的作品晶莹剔透，栩栩如生。不适合、质量不合格的原料经常会在熬制糖液的过程中返砂，根本形成不了糖体。常用的糖塑原料特性及用途如下。

（1）艾素糖：是一种进口糖，价格较昂贵。纯度高、质量好，糖体温度可以达到 180℃，并且保证不变色不发黄，拉制后的糖体洁白如玉，可以直接加热使用来制作糖艺作品。艾素糖制作出来的糖艺作品晶莹透亮，犹如水晶般耀眼夺目。其特点是不返砂，并且不易溶化，可以多次重复使用。

（2）白砂糖：是从甘蔗或甜菜根部提取、精制而成的产品。食糖中质量最好的一种，其颗粒为结晶状，颗粒大小均匀，颜色洁白，甜味醇正，是制作糖塑作品的主要材料。制作作品时要选用色泽洁白、明亮的白砂糖，这表明砂糖在生产制造过程中采用了严格的净化工序，制成的糖塑作品透明度高、风味纯、品质好。

（3）冰糖：是砂糖的结晶再制品，一般有白色、微黄色、微红色、深红色等颜色，结晶如冰状，故名冰糖。冰糖以透明洁白者质量为最好，纯净、杂质少、口味清甜，半透明者次之。纯度高的白色晶体冰糖是制作糖艺作品的良好原料，可以用来代替艾素糖。

（4）淀粉糖浆：是以淀粉为原料，加酸或加酶，经水解和不完全糖化所制成的无色或微黄色、透明、无晶粒的黏稠液体。主要成分为葡萄糖、麦芽糖、高糖和糊精，具有温和的甜味、黏度和保湿性，也称为葡萄糖浆、玉米糖浆或葡萄糖。淀粉糖浆价格便宜，可作为糖体的一部分，降低成本，改善糖体的组织状态和风味。因其具有良好的抗结晶、抗氧化性以及稳定性，黏度适中，熬制糖液时需加入一定比例的淀粉糖浆。目的是为了改进糖体质量，阻止糖体返砂，使糖艺作品不易变形，延长其存放期。同时也可以增加糖体亮度，使之颜色更加艳丽。淀粉糖浆具有不同程度的吸湿性。

三、糖塑的工具及使用

要学好糖塑艺术，购置一些称手的糖塑工具是必需的。鉴于当前糖塑工具制作工艺不成熟及厂商规模小等原因，各地区使用的工具样式都还没有一个统一的标准，可以根据自己的实践操作经验及使用习惯选择自己喜好的工具。

（1）糖艺灯：主要用来烘烤糖体，使糖体软化或防止糖体变硬，以便于糖体进行拉伸操作。

（2）糖艺炉：作用和糖艺灯一样，主要用来烘烤糖体，使糖体软化或防止糖体变硬。由于内部构造和糖艺灯不同，在实践中运用来看要比糖艺灯耐用。而且还可以用于其他加热用途。

（3）不粘垫：糖体造型时用的垫子，不粘糖体，便于拿放。

（4）气囊：吹糖工具，用于向糖体内吹气，使糖体因充气而膨胀，从而塑造出各种立体型作品，如苹果、海豚、天鹅等。

（5）温度计：用于熬糖的测量糖液的温度，刻度范围在200℃~300℃的温度计比较适合。

（6）酒精灯：用于糖艺作品花瓣、花叶各个部位的粘接组装。

（7）手套：糖艺操作时，避免双手与糖体直接接触，手套就是用来隔热的，防止手被高温的糖体烫伤。

（8）剪刀：用于分割糖体和修整薄料的边缘，一般糖艺剪刀的刃口斜角较大，便于修剪。

（9）不锈钢锅：用于熬制糖液的工具，一般选择底面较厚、复合底的钢锅，圆周不宜太大。

（10）模具：一般硅胶制成，有各种形状，比如花叶、花瓣灯、菜叶等，将扯薄的糖体材料放在模具上可以压出清晰的花叶脉络，使花叶看起来更具真实感。

（11）电磁炉：加热工具，用于熬制糖液。

（12）喷画笔：用于糖艺、泡沫等作品的上色。

（13）热风枪：功能跟打火机相似，没有明火。烘烤糖体不容易发黄。

（14）电子秤：用于原料的称重，最小剂量可以精确到克。

（15）打火枪：用于糖体局部的加热与粘接、祛除糖体上的瑕疵及疤痕，火焰可以调节大小。

（16）糖艺塑型刀：一般为不锈钢材质制作，用于糖艺的塑型工艺。

四、熬糖的方法

熬糖程序是糖塑制作技术的基础，也是制作流程中比较关键的一个环节，糖体熬制的质量直接影响到作品制作的成败。熬糖的方法根据不同种类的糖工艺而略有区别。本配方是在众多的配方中试验实践总结出来的，但也并非一成不变，有的时候可以根据原料的实际情况灵活调整。

（一）普通糖熬制方法

1. 配方

韩国白砂糖 1000 克、桶装纯净水 400 克、葡萄糖浆 200 克、软化剂 5~8 滴。

2. 熬糖步骤

（1）在复合底不锈钢锅中加入韩国优砂糖 1000 克、纯净水 300 克，小心搅拌均匀（熬糖量占钢锅总容量的 1/2 比较适宜）。

（2）将钢锅拿到电磁炉上先用低挡火力烧，待糖与跟水完全熔化后，再加到中挡火力烧至沸腾。

（3）糖水沸腾时加入葡萄糖浆。用毛刷刷出糖水溶液中多余的杂质（防止糖水在锅边四周产生结晶体）。如发现锅边有砂糖颗粒，可以盖上锅盖二三十秒钟，利用锅内的水蒸气循环将锅边残留的砂糖颗粒冲入糖液中溶解。

（4）当糖液的温度达到130℃时，加入酒石酸。当糖体的温度达到135℃时，加入色素（水性色素），高挡火力快速升温。

（5）当糖液至升温165℃时，将钢锅立刻从炉子上移至凉水中，使锅体迅速降温。3秒左右将锅从水中拿出，用毛巾将锅底及外侧擦干水分，再放回炉上加热几秒，关火3分钟后将糖液倒在耐高温的硅胶垫上，然后分几等份，待冷却后，用保鲜膜包好，放置密封容器中保存。

3. 注意事项

（1）煮制时不可以在锅口覆盖任何物体，保证糖水内多余的水分充分蒸发。

（2）熬糖量占钢锅总容量的1/2比较适宜，熬糖量太少，糖液的温度会迅速升高，温度变化不容易控制，温度计在糖液中探测的深度有限，测量结果会出现误差；熬糖量太多，沸腾时有溢出的可能，更为重要的是，当糖液变浓以后，底部和表面的温度差异较大，温度计测量结果会不准确。

（3）糖和纯净水入锅后需要小心搅拌均匀，不能用力过猛。

（4）糖水沸腾时如发现锅边有砂糖颗粒，可以盖上锅盖二三十秒钟，利用锅内的水蒸气循环将锅边残留的砂糖颗粒冲入糖液中溶解。但不能搅拌，一是为了防止大量的气体搅入糖水内，导致翻砂现象；二是由于糖液中有大量的气泡产生，入模后会影响糖体质量。

（5）纯净水可用蒸馏水代替，但不可使用矿物质水，矿物质水水质较硬，对糖体的质量会有影响。

（6）如果熬糖时需要加入色素，在糖液温度138℃时加入是最合适的，色素滴入后不要搅拌，色素会在温度作用下自然散开。

（二）艾素糖熬制方法

艾素糖由于和其他普通糖的化学性质不一样，不用担心糖液会返砂，所以熬制方法相对要简单一些，艾素糖的熬制方法有加水熬和干熬两种，得到的糖体材料各有特点，加水熬得到的糖体容易塑型，操作的手感适中，便于把握。干熬得到的糖体硬化的速度较快，抗潮效果比较好，适合做快速塑型的作品或作品的支架。

1. 加水熬

（1）将200克水倒入锅里高挡火力烧沸，加入1000克艾素糖，搅拌至糖完全溶化。

（2）当糖液温度升至140℃时调至中挡火力，待糖液温度达到180℃即可。

2. 干熬

（1）将艾素糖直接倒入锅里，不需要加水。低挡火力慢慢加热搅拌，避免糖焦煳。

（2）等糖完全溶化后停止搅拌，调至中挡火力，熬至糖液温度达到180℃即可。

五、糖塑作品制作技法

（一）拉糖

拉糖，就是把糖体进行反复折叠拉伸使其达到需要的状态。糖体在拉伸过程中会充入少量气体，增加糖体的光泽度，拉伸好的糖体色泽鲜艳、亮如绸缎。一般65℃~75℃为拉糖的最佳温度，将糖体搓成粗细均匀的棒型后反复折叠拉伸，使其受热均匀。在拉糖过程中，糖体的活力程度有轻度、中度和过度之分，要根据自己的需要进行合理控制。此外糖体要经常翻动，以保持糖体的活力，避免让糖体活力过度而"死亡"。

技术关键：（1）熬好的糖液浇在不粘垫上降温的过程中，糖体边缘会最先降温变硬，要注意将边缘部分的糖体向内折回，与中心部位较热的糖体形成热量交换，避免糖体的温度不均匀形成硬块，影响操作的顺畅。

（2）操作时要让糖体自然降温，降到70℃左右时糖体会完全脱离不粘垫，此时要将糖体折叠成块状。操作时动作要缓慢，让糖体能够均匀地交换热量，从而减缓降温速度。

（3）初始拉糖时动作要缓慢，像拉面一样反复折叠地拉伸，粗细要均匀，不宜拉得过长，一般拉至40厘米左右即可。拉长后快速重叠，糖体粗细要均匀，从较粗的地方开始拉，避免将糖体拉断。

（4）随着糖体逐渐变硬，反复折叠过程中充气量不断增加，糖体开始呈现出金属色泽。随着糖体进一步降温，糖体变硬，稍微加快拉糖的速度，并且加大拉糖的幅度，及时将两端的糖体折叠进去，以保持糖体活力的旺盛。

（5）糖体温度在60℃左右时就彻底变硬、变脆，全身有着晶莹透亮金属般的光泽。此时应停止拉伸，否则糖体就会因过度而失去活性，颜色也会变得暗淡，质量下降逐渐变成死糖。

（二）吹糖

吹糖，就是用气囊往糖体里面吹气，把糖体吹成圆球，然后再整理成自己所需要的形状。在糖塑艺术中，它是属于较高层次的技法。在进行吹糖操作时，糖体的温度较高，要了解糖体的特性，趁着糖体有热度时，一边吹气一边造型，待达到满意的形状后，迅速用风扇吹风，使其快速冷却定型。

操作方法：

（1）将糖体反复拉伸，待糖体表面出现金属光泽后，再将糖体捏成圆球，用剪刀剪下。

（2）用食指在圆球剪开的位置顶出一个深约圆球 2/3 的小洞，将烧热的气囊金属嘴塞进去，到达圆球深度 1/3 处。

（3）将圆球开口处略微收紧，整理成粗细均匀的管状，挤压气囊缓缓向里面吹气。

（4）一边吹气一边调整圆球底部，使之形状规则、圆润饱满。

（5）待圆球膨胀变薄后，将圆球底部向外推出，圆球顶端插管处稍向外拉长，用剪刀剪下充满气体的圆球，迅速封住开口。

技术关键：

（1）糖体圆球在整理孔洞的时候必须确保孔洞的四周圆壁厚度均匀，吹气时随时调整形状，否则球壁薄的地方容易吹破漏气。

（2）气囊的金属嘴塞入球体前要烧热，这样收紧球体拉长尖端时容易与糖体充分熔合一起，否则封口处容易漏气。

（3）充好气体并塑好型的球体要趁着球体还有一定的温度时剪下，并用风扇散热以快速冷却定型。风扇的风力不能太大，距离也不宜太近。

六、糖塑作品制作的步骤

糖体成型后要开始制作糖塑作品，一般要经过捏制作品配件、组装、整理成型等几个步骤，下面以月季花的制作为例，叙述制作步骤如下。

（1）取一块红色糖体烤软，反复重叠将糖体调和均匀。从糖体边缘处入手，用拇指和食指将糖体捏扁压薄。

（2）从捏扁压薄糖体边缘的中心位置用双手轻轻拉开约 2 厘米，使之变得更薄。

（3）从边缘处最薄的地方向外继续拉伸，扯出一片又薄又长的糖片，糖片底部因拉力形成细丝状，用手掐断并向里折叠。

（4）将糖片顶端用手轻轻修整圆润，并顺着边缘向外翻折，捏出花瓣的立体外形。

（5）按照上面方法依次扯出月季花内外三层不同长度及大小的九个花瓣。

（6）另外取一块糖体烤软捏扁后用剪刀沿边缘剪下一橄榄形长条，将其修整成花心形状。

（7）将花瓣底部用酒精灯烤化，依次粘在榄形花心上，每层粘三片，共三层，粘完花瓣后稍做整理即成。

注意事项：

（1）制作时准备好花柱（花心）和一组大小不同的花瓣，靠近花柱的花瓣小些，反之越大。花瓣若同等大小，成品花会失去美感。

（2）将花组合成完整的花朵造型并不复杂，需对造型有一定的了解，可以先在纸上画出造型草图，组合花朵时就能做到心中有数。

（3）组装花瓣时要捏住花瓣最外缘，置酒精灯上依次加热花瓣的底部，注意不要离火焰太近，以免将花瓣烤化。

（4）组装花瓣时跨度由内向外逐渐拉大，以形成自然开放的姿态，花瓣紧紧粘在花柱上，底部要收缩到最小。

（5）外部花瓣组装时要避免四瓣对称，这样会看起来不自然。在操作过程中，要注意随时矫正或调整花瓣形状。

七、糖塑作品的保存方法

一般情况下，糖塑作品放置太久就会溶化。这是由于糖本身具有一定的吸水性，处于潮湿的环境中时，糖塑作品就会逐渐吸收空气中的水分，一段时间之后，作品的表面就会开始发黏，失去原有的鲜亮光泽，这就是轻微的发烊。发烊速度和湿度有很大的关系，湿度越大，发烊也越快，严重时作品甚至会呈现出糖液流淌的状态，作品原有的形状受到损坏。好的糖塑作品若要长时间保存，就要将其放置在干燥处，空气越干燥越不容易发烊，作品展示时间就越久。一般来说，在春季和秋冬季节时，糖塑作品在干燥常温下可以存放一个月。夏天由于温度较高，空气湿度也高，作品不易保存，最好将其存放在一个密封的空间，并且放上干燥剂，温度控制在 22℃，湿度保持在 30% 左右，这样的条件可以长时间保存。

第七节　菜肴盘饰艺术

菜肴盘饰艺术是中国菜肴制作工艺的重要组成部分，是一门造型艺术。它可使杂乱无章的菜肴变得整齐有序，起到美化菜肴的作用。菜肴装饰是一种从视觉到味觉的转变，能增加菜肴的美观，使菜肴变得外秀内美，增强人们的食欲。菜肴盘饰艺术实际上在古代已开始崭露头角，被应用于宫廷和王府的菜肴制作中。早期的菜肴盘饰比较简单，并不是很讲究搭配的艺术性。随着烹饪文化的发展，它逐渐从宫廷、王府流传到民间，制作工艺也不断完善。目前菜肴盘饰已形成了其特有的风格，无论是色彩搭配，还是制作成形工艺都达到了较高的水平，被广泛应用于各种烹饪活动中。

一、菜肴盘饰的概念及作用

（一）菜肴装饰的概念

菜肴盘饰又称菜肴装饰、菜肴围边、菜肴点缀、盘边装饰等。简单地说，菜肴盘饰是以菜肴为主体，在盛装菜肴的器皿上进行装饰点缀，以衬托和美化菜肴的一种造型艺术。科学地讲，菜肴盘饰就是选用符合卫生要求的烹饪原料，经过简单刀工处理成一定形状后，以菜肴为主体，摆放在菜肴周围或以适当的形式摆放，利用其造型与色彩对菜肴进行美化装饰的一种工艺。它能增加菜肴的整体视觉美感，并不是独立于菜肴以外的元素，好的盘饰应能够与菜肴充分融合为一个和谐的整体，能提高菜肴的视觉效果，起到相映生辉的作用。因此，菜肴盘饰的运用对于提高菜肴工艺水平具有重要意义。

（二）菜肴盘饰的作用

菜肴盘饰在整个菜肴的制作过程中处于辅助地位。菜肴的装盘处理只要装饰点缀得当、适宜分，就会起到画龙点睛、互补平衡、美化菜品、增进食欲、营造情趣、烘托气氛等作用，还能对菜肴色彩、造型、口味等方面予以补充，为色形俱佳的菜肴锦上添花。菜肴盘饰的作用主要体现在以下几个方面。

1. 菜肴形状上的装饰作用

菜肴盘饰可以在一定程度上弥补菜肴在制作过程中的不足或菜品造型本身的缺陷，使菜肴更显完美，突出菜肴的整体美。原本杂乱无章的菜品，经过盘饰的归整及美化，就能达到一种美观有序的效果。例如秋菊争艳这道菜肴，如果仅仅是菊花状的菜品简单堆砌在一起，显得很是散乱无序，如用冬瓜雕刻成精美的花盆熟制后放周边围上，就会呈现出整体和谐统一的画面，给人以美的艺术享受。

2. 菜肴色彩上的装饰补充作用

装饰原料鲜艳的色彩可以良好补充菜肴或盛器本身在色彩方面的不足，使菜肴整体的色彩搭配更为协调、完美，从而突出菜肴的整体美感。在工作实践中，有不少的菜品由于工艺及原料的关系，呈现的色彩单调、暗淡，或者是因为盛器选择的限制使菜肴看上去显得平淡，如能充分地运用烹饪美学的色彩的对比原理恰当地给菜品加以美化装饰，则会收到意想不到的效果。例如，成熟的黄鳝色泽暗黑，了无生气，如果选用淡黄色的蛋卷围在盘边加以装饰，整个菜品便会变得斑斓艳丽、生机盎然。恰到好处地运用盘饰造型艺术还能弥补盛器本身在色彩方面的缺陷，让菜品熠熠生辉。一般白色的碟子装浅色的菜品不能有效衬托出菜品的质量，可以通过在盘边用暖色调的果酱图案加以点缀，或者是选用翠绿色的芭蕉叶垫在菜品下面进行映衬，不管是哪种配色方式，都能更加突出、美化菜肴，提高菜肴的品位，增进顾客食欲。比如清炒虾仁，单纯放在白色的盘中，就会显得单调，如果用一小枝条翠绿法国香菜、红色尖椒小花插入其间进行装饰，整个菜肴色调会变得鲜艳、活泼、诱人。虽然是些许点缀，却可一扫单调乏味之感，带来生机一片。

3. 口味营养上的补充作用

菜肴的盘饰大都是一些可食性强的原料，例如水果、蔬菜等，不仅能调节和补充口味，还能起到荤素搭配、营养均衡的作用。像动物性原料的菜肴选用蔬菜制作的盘饰进行点缀，口味清新的蔬菜盘饰既能调节缓解肉类的油腻，又能补充人体所需的多种维生素，如图 4-40 所示的菜肴荔芋扣肉（常用焯熟的菜胆围边装饰）。

图 4-40　围边装饰（荔芋扣肉）

二、菜肴盘饰的原则

菜肴盘饰在制作工艺上一般应遵循以下四条原则：

（1）注意装饰原料组成的图案内容应与菜品协调；

（2）围边原料必须卫生可食；

（3）制作工艺简单，易于推广；

（4）围边原料色彩、图案应清晰鲜丽、对比调和。

三、菜肴盘饰的类型

菜肴的种类繁多，盘饰也不尽相同，要根据不同的菜肴的造型、口味及特点设计适宜的盘饰，根据菜肴盘饰选用的原料不同，可以分为以下几种类型。

（一）蔬果盘饰

盘饰的原料主要以蔬菜、水果为主，原料在制作之前必须经过洗涤消毒处理，操作时要有专用的刀具和菜板，严格注意卫生。根据不同的季节选用应时色彩艳丽的绿叶蔬菜、水果，利用原料固有的色泽和形状，采用切拼、雕刻、排列等技法，组成各种平面纹样，以适当的图案进行装饰。这类盘饰按照不同的构图形式，又可以分为以下几大类。

1. 平面盘饰

以常见的新鲜水果、蔬菜做原料，利用原料固有的色泽和形状，采用切拼、搭配、雕戳、排列等技法，组合成各种平面纹样，围饰于菜肴周围或点缀于菜盘一角，或用作双味菜肴的间隔点缀等，构成一个错落有致、色彩和谐的整体，从而起到烘托菜肴特色、丰富席面、渲染气氛的作用。平面盘饰一般有以下几种。

全围式盘饰：即以菜肴为主体，蔬菜或水果加工成一定形状沿盘子的周围摆放，把菜品围在盘中间的盘饰。这类盘饰在热菜造型中最常用，可以一定程度上弥补菜品造型的不足，如对价格较贵、分量很少的菜肴，如三丝鱼翅、龙井鲍鱼，盛装时选用的器皿较大，使用全围式的盘饰形式，把菜肴集中放在盘子中间，既显得丰满，又不降低规格。图案以圆形为主，也可根据盛器的外形围成椭圆形、菱形、四边形等，其基本构图见图4-41。

半围式盘饰：即沿盘子的半边拼摆装饰元件。它的特点是统一而富于变化，不求对称，但求协调。这类盘饰主要根据菜肴装盘形式和所占盘中位置而定，但要掌握好盛装菜肴的位置比例、形态比例和色彩的和谐。其基本构图形式见图4-42。

图 4-41　全围式盘饰（脆香鸡肉丸）

图 4-42　半围式盘饰（菠萝鸡片）

　　对称式盘饰：即在盘中制作相应对称的盘饰形式。这种花边多用于腰盘，它的特点是对称和谐，丰富多彩。一般对称盘饰形式有上下对称、左右对称、多边对称等形式。其基本构图见图 4-43。

图4-43 对称式盘饰（蔬果沙拉）

象形式盘饰：根据菜肴烹调方法和选用的盛器款式，把盘饰材料围成具体的图形，如扇面形、花卉形、叶片形、花窗格形、灯笼形、花篮形、鱼形、鸟形等。其基本构图见图4-44。

图4-44 象形式盘饰（荷香秋莲扣）

点缀式盘饰：所谓点缀盘饰，就是用水果、蔬菜或食雕形式，点缀在盘子某一边，以渲染气氛、烘托菜肴。它的特点是简洁、明快、易做，没有固定的格式。一般是根据菜肴装盘后的具体情况，选定点缀的形式、色彩以及位置。这类盘饰多用于自然形热菜造型，如整鸡、整鸭、清蒸全鱼等菜肴。点缀盘饰有时是为了追求某种意趣或意境，有时是为了补充空隙，如盘子过大，装盛的菜肴显得分量不够，可用点缀式盘饰形式弥补因菜肴造型需要而导致的不足等。其基本构图见图4-45。

图 4-45　点缀式盘饰（清蒸芙蓉蟹）

2. 立雕盘饰

这是一种运用食雕作品进行装饰的盘饰形式。一般配置在筵席的主桌上和显示身价的主菜上。选用的立雕作品内容要与菜肴协调，立雕工艺有简有繁，体积有大有小，一般都是根据命题选料造型，如在婚筵上采用具有喜庆意义的吉祥图案，配置在与筵席主题相吻合的席面上，能起到加强主题、增添气氛和食趣、提高筵席规格的作用。其基本构图见图 4-46。在使用食雕作品进行菜肴装饰时一定要根据菜肴的不同内容及成菜的形式去选择合适的雕品来搭配，不能千篇一律，一雕通用。还要注意立雕作品的规模要与菜肴相适应，不要喧宾夺主。此外要注意节约原料，近年来立雕盘饰在餐饮上的应用有些萧条，就与我们很多厨师在这些方面的知识缺乏或不重视有很大的关系。

图 4-46　立雕盘饰（粉丝蒸扇贝）

（二）菜品盘饰

它是利用菜肴主、辅原料，烹制成一定的形象，按照一定模式装盘，运用菜肴自身进行装饰陪衬的一种方法，如制成金鱼形、琵琶形、花卉形、几何形、玉兔形、佛手形、凤尾形、水果形、橄榄形、元宝形、叶片形、蝴蝶形、蝉形、小鸟形等的单个原料按形式美法则围拼于盘中，食用与审美融为一体。这类盘饰形式在热菜造型中运用最为普遍，它可使菜肴形象更加鲜明、突出和生动，给人一种新颖雅致的美感。其基本形式见图4-47。这类盘饰大多是荤素搭配，能够起到很好的调节口味、营养均衡的作用。

图4-47　菜品盘饰（芙蓉稻香肉）

（三）花草盘饰

主要采用一些色泽比较绚丽、自然、小型的花卉和盆栽植物，经过精心的修剪、装配，对菜肴进行适当的装饰点缀的一种方法。源于国外米其林星厨常用的一种装盘技法。常应用于一些高端餐饮、私房菜馆的菜品。其基本形式见图4-48。这类盘饰看似操作简单，实际上对厨师的色彩感知能力要求特别高，没有烹饪配色的相关理论做支撑，随意搭配运用，不但于菜品的质量提升无益，反而会在一定程度上干扰客人的美食体验，适得其反，因此在运用这类盘饰之前有必要对烹饪色彩的相关理论进行细致的学习和实践，特别是色彩的对比及烹饪的配色技法等内容。

图 4-48　花草盘饰（鹅肝脆皮鸡配荷叶饼）

（四）酱汁盘饰

　　它源于国外西餐的装盘手法，主要采用常用的酱汁如蓝莓酱、番茄沙司、各色果酱等为原料，运用果酱壶、酱汁笔、裱花袋等工具，在盘面上涂画图案进行菜肴的装饰。由于取料方便、成本少、费时较短等特点而被广泛运用。目前这类酱汁盘饰在国内的中高端酒店较为流行。的甩汁盘饰也是属于这类，图案的内容一般有抽象线条、花鸟鱼虫、动物景观等。其基本形式见图 4-49。

图 4-49　酱汁盘饰（凉菜小碟）

（五）糖艺盘饰

　　它是利用白砂糖、葡萄糖浆为原料，以一定的比例组合，经熬制、拉伸、粘接、装配等程序，制作成具有可食性、观赏性的艺术造型进行装饰的一种方法。

它具有成本低、色彩绚丽、视觉效果好、成型快捷、搭配灵活等特点，被一些高档酒店、私人会所、社会高端酒楼等餐饮企业广泛运用。糖艺造型在盘饰中有时不是单独出现，而是与酱汁、花草等搭配使用，但由于糖艺造型是主要的装饰元件，所以都归类于糖艺盘饰。其基本形式见图4-50。

图 4-50　糖艺盘饰（月季花）

（六）面塑盘饰

它是利用面粉、糯米粉为主要原料，按一定的比例调制成熟面团，运用不同的手法捏制成花鸟鱼虫、飞禽走兽、人物景观等实物形象造型进行装饰的一种方法。它具有成本低、色彩艳丽、造型逼真、视觉效果好、成型快捷、搭配灵活等特点，是宴席点心装饰最常用的一种形式。其基本形式见图4-51。

图 4-51　面塑盘饰（仿真茄子）

（七）巧克力盘饰

它是以巧克力为原料制作成的不同造型的小器件进行装饰的一种方法。它具有可提前预制、可食性强、形式新颖、装盘快、搭配灵活等特点，广受小朋友的喜爱。其基本形式见图4-52。

图4-52　巧克力盘饰（假山）

巧克力加工的一般步骤：

（1）切块。将大块醇正的巧克力切成小块的巧克力。不用切得很碎，切得太碎，巧克力在溶化时容易产生颗粒感。

（2）溶化。溶化巧克力的方式一般有两种，一种是使用巧克力恒温炉，这种设备可以使巧克力的温度始终保持在38℃左右，浇模造型都非常方便，大多运用于食品工厂及专门的巧克力加工作坊；另一种是采用巧克力双层锅，用隔水加热的方式将巧克力溶化。水温要始终保持在50℃左右，否则巧克力容易翻砂，产生细小颗粒物，影响巧克力质感。这里需要特别注意的是溶化巧克力的容器一定要干净，无油无水。

（3）降温。在巧克力溶化后，将盛装巧克力的容器拿到自然室温中搅拌，使加热溶化后的巧克力温度降至30℃。巧克力降温不能太快，自然降温的巧克力口感会特别细腻。

（4）造型。巧克力的造型方法有灌模、铲花、捏花等，这是充分发挥厨师想象力和创造力的过程。灌模就是将降温后的巧克力均匀地倒入准备好的各种不同形状的模具中定型的方法。灌好模后的巧克力为了美观整洁，要用小刀将周围残留的巧克力清理干净。在操作的过程中尤其要注意工具和模具上不能有水，一定要用干净干燥的工具操作。

（八）分子烹饪盘饰

它是用分子烹饪的形式进行装饰的一种方法。如胶囊、泡沫、烟熏等，其基本形式见图 4-53。分子烹饪盘饰在传统菜肴固有的味形的基础上创造了全新的美食体验，给人带来一种美妙绝伦的感官享受。

图 4-53　分子烹饪盘饰（芒果蛋配鳕鱼）

分子烹饪是近年来从国外引入的一种高科技的烹饪方法，它是把物理学或化学相关原理运用在烹饪的过程、准备及其原料当中，将食物的分子结构重组的一种烹饪方法。在分子烹饪中，改良剂（食品添加剂）和精密的仪器占有很重要的地位。主要的技术有乳化技术、胶囊技术、反转晶球化技术、发泡技术、低温烹饪技术等。

（九）器物盘饰

它是指运用一些小型的、精致的器物，如不锈钢餐具、玻璃器皿、陶瓷器皿、盘、碗、碟、摆件、手工制品等，以一定的手法通过巧妙搭配，以达到装饰、美化菜品效果的这一类盘饰。其基本形式见图 4-54。重要的是可以突出菜肴的主题，使菜肴更生动、更艺术。

图 4-54　器物盘饰（吉列凤尾虾）

制作这类盘饰作品需要具备盘饰制作的基础知识以及熟悉菜品的特点，具备一定的艺术修养、操作手法及实战工作经验等。比如制作一道白灼海虾的菜肴，摆上一件瓷质的儿童摆件，摆出小孩玩耍的姿态，生动有趣，富有活力，呈现出热闹欢快的喜庆气氛；一款平淡无奇的酸甜排骨，摆上一个装饰好的小花瓶后，菜品瞬间就变得光彩夺目、引人食欲。别出心裁的器物装饰，再加上优雅的名称、独特的造型，可使菜品极具生活情趣，大大提高菜品的价值。

以上不同种类的菜肴盘饰是根据盘饰选用的原料不同进行分类的，在实际应用中，这些盘饰并没有严格的区分，有时会出现几种盘饰混合运用或相互交融，因此，我们需要灵活根据菜肴的特点进行选用或设计制作。

本章小结

烹饪造型艺术是烹饪工艺美术中最突出最重要的部分，它是烹调技术艺术性体现的一个重要手段。随着餐饮业的不断发展、人们对餐饮服务要求的不断提高，烹饪造型艺术将显示出越来越重要的作用。本章系统地讲述了烹饪造型图案变化的规律、形式，菜肴点心的造型艺术以及食品雕刻造型艺术等，还特别探讨了食品雕刻的应用。

 思考与练习

（一）职业能力应知题

1. 菜肴围边有哪几种装饰形式？

2. 热菜有哪些造型方法？

3. 烹饪造型艺术的运用

4. 食品雕刻的种类及特点。

5. 中国面点造型艺术的特点

（二）职业能力应用题

如何将美术素养应用于食品雕刻制作中？

第五章

餐饮环境装饰和布置

学习目标

➢ 应了解、知道的内容：

    1. 餐饮照明的作用 2. 家具概述 3. 餐饮陈设在室内装饰中的作用

➢ 应理解、清楚的内容：

    1. 照明设计的基本原理 2. 家具种类 3. 餐饮室内陈设布置原则

➢ 应掌握、会用的内容：

    1. 照明的方式和种类 2. 家具的选择与布置 3. 餐饮陈设品的选择

➢ 应熟练掌握的内容：

    1. 餐饮装饰布置的地位与作用 2. 餐饮装饰布置的基本思想

第一节　餐饮装饰和布置的内容

餐饮环境装饰和布置涉及的范围很广，包括室内外装修、陈设和环境绿化等许多方面，其中室内外装修和建筑周围的绿化，一般由建筑设计部门统一规划设计，由施工部门具体落实。但是，从土建到内装修完成，到能够接待客人，还有大量非固定的装饰布置工作要做。虽然新建餐饮环境的这部分工作大都在建筑设计时已初步确定，但随着时间的推移以及人们的审美意识和生活观念的变化，非固定的装饰布置也往往需要不断更新与变换。由此可见，掌握或了解这部分内容对餐饮服务管理人员尤为重要。

餐饮环境非固定的装饰布置涉及的内容有：家具的配备、选择和摆放，照明的确定和灯具的布置，帘幔的配置和管理，地毯和各类布件的铺放，室内观赏品的陈设等。这些工作都得由餐饮管理和服务人员去完成。要做好这些工作，必须具备许多方面的知识，如色彩、空间以及它们在人们生活中的地位和作用，家具的不同功能和风格，照明（包括采光和灯具）风格，织物的性能和装饰效果，室内观赏品所包含的文化、历史、艺术、宗教知识等。除此之外，环境学、心理学、行为科学、人类工程学、材料学、民俗学等一系列学科都对饭店的装饰布置有指导作用。所以，餐饮环境的装饰布置可以视为知识面广、技能性强的餐饮服务实用艺术。

一、餐饮装饰和布置的地位与作用

餐饮环境装饰和布置是餐饮服务管理工作的一部分，其地位与作用主要体现在：

（1）餐饮环境装饰布置是完善饭店生活环境的重要环节。餐饮建筑的土木工程和室内装修所提供的，只是一个建筑的外壳和固定设施；使这些外壳和设施成为具有丰富内涵且满足使用功能的具体厅室，依靠的就是装饰布置。

（2）通过装饰布置，可以体现出民族风格和地方色彩。现代许多旅游饭店餐厅往往强调这一点，以吸引宾客前来领略异国他乡的风土人情。在我国的餐饮建筑中，表现中华民族的传统文化和习俗始终是室内装饰布置的主要方向。

（3）装饰布置具有艺术的功效。无论是餐厅内部的色彩处理、观赏品的点缀还是室内气氛的渲染和意境的创造，都是艺术的体现。美的形式给人以美的启迪，餐饮环境的艺术性布置会给顾客以高尚的精神享受。

（4）装饰布置具有经济意义。在餐饮业中，同样的餐厅采用不同的装饰布置，会产生不同的等级规格。同一间餐厅，用普通方法布置与经过精心构思的布置，其效果也不一样。必须指出的是：好的装饰布置不取决于投资的多少，关键在于构思的好坏。金帛绸缎固然华丽，但乡间土布也别具风采。餐饮环境的装饰布置涉及的材料很多，巧妙地选择和合理的搭配可以用低投资获取高回报。

（5）成功的餐饮室内装饰布置可以提高餐厅的社会知名度。任何顾客，尤其是旅游者，对于富有特色的饭店布置都会留下深刻的记忆。随着他们的传播，餐饮企业会赢得广泛的声誉，在社会同行业的激烈竞争中立于不败之地。

二、餐饮环境装饰和布置的基本思想

（一）功能与美感的统一

功能，是就"用"而言的。餐饮装饰布置的功能，涉及一些专门学科，如人类工程学、材料学等。对餐饮装饰布置的影响因素，包括建筑空间的处理、家具的尺度与摆放位置、照明的亮度和投射范围，以及各类电器的开关位置等。不同的餐饮场所，如餐厅、多功能厅、酒吧、茶座，由于它们的活动内容不同，对环境设施功能的要求也不同。材料学是研究材料性能的一门学科，在餐饮装饰布置中，材料的选择也有它特别要求的方面，强调安全和易于清洁。餐饮企业首先要保障顾客的安全，具体体现在所选用的材料必须具备防火、防滑、防碰撞以及防盗等性能。如防火的墙面隔板、墙纸、地毯，防滑的地砖，防碰撞的圆轮廓家具等。易于清洁是从服务员的工作效率出发的，对餐饮企业来说，无论是室内墙面、地面、家具、灯具还是其他摆设，其材料都要考虑清洁的因素。

美感，是指人对美的感觉和体会。餐饮装饰布置中的狭义美感，指属于视觉的形式美（即点、线、面和色彩的组织），如家具、灯具的造型色彩，织物的装饰效果，观赏品的外观以及各类物品在整体中的协调等。广义的美感，除了形式，还包括抽象的内容，如室内的气氛、意境等。对于美感的认识，人类有共同之处，但也存在不少差异，这与人的经历、修养、习惯、信仰有关系。在餐饮装饰布置中，我们总是以大多数人能接受的美为出发点，只是在对待特殊的顾客时，才考虑他们的不同审美特点。

功能和美感是餐饮装饰布置必须同时兼顾的两个方面，两者不能偏废。如果单讲"功能"，有可能出现两种现象：一是缺乏应有的艺术点缀，室内装饰布置只讲求实用，没有任何美的效果。如同欧洲一个时期掀起的纯功能家具一样，最终因缺乏艺术性和美的内涵而遭人摒弃。二是没有完善的功能。设施之间外观不配套，如色彩随意搭配、样式混杂和新旧差异等，整个室内显得松散和零乱，这在一些经过多年经营的餐饮企业内尤其容易出现。以织物为例，沙发上的两块花边垫，一新一旧，虽不影响功能，但所产生的色差却大大降低了室内的格调。为了避免此类情况的发生，现在通常的做法是将相同的物品予以集中摆放，放在同一厅室或同一楼面使用，既能充分利用，又不影响视觉效果。

相反，如果片面强调"美感"而忽视功能的作用，则有可能使室内成为一个华而不实的空间，或成为变相的艺术陈列室和展览室，从而不能发挥器具本来的作用。如室内的家具、灯具十分精美，但不符合功能需要，结果反而成为累赘。绘画和其他观赏品也是如此，一些场合由于选择题材或表现技巧不当，结果不仅没有起到装饰作用，相反还影响了厅室的功能。如在本该安静的会议室选择动感很强的绘画，使人的心绪得不到安宁。所以我们要求美感和功能的有机协调的结合。一家餐饮企业如果不仅有优美的装饰布置，还有服务人员为顾客提供尽善尽美的服务，那么这个餐饮企业的物质条件与精神文明就是值得称颂的。

（二）环境与心理的统一

餐饮的装饰布置从某种意义上说，是室内环境的再创造，这种创造离不开对人的心理和行为习惯的研究。心理学告诉我们，人的心理过程包括认识、情感和意志三个阶段。例如，对于大海，人们只有看到了大海那蔚蓝的海水、起伏的波涛和一望无际的海面，才会产生心胸开阔的情感。如果以同样的形式来装点室内，那么也会产生类似的感觉，这是一种联想。

以心理联想的方式创造餐饮内部环境气氛的例子很多，如广州许多宾馆、酒店将"荔湾亭"设计成花艇和广东式大牌坊，给人以南方小食的气氛；国内不少饭店的海鲜餐厅以蓝色为主调，四周绘以海洋生物的壁画，使人有进入海底龙宫之感。还有众多的"竹厅"以竹为装饰的主题，使人有深入翠竹丛林之感，并产生高洁品格的联想等。

（三）民族感与时代感的统一

民族感，即民族自豪感。每一民族都为自己民族的历史和传统文化而感到骄傲。在餐饮业中，象征本民族和本地区文化的装饰布置，往往成为吸引顾客的重要餐饮资源。现代旅游者除了观光游览，还有一个很重要的愿望就是想了解异国文化和各地的风土人情。对餐饮企业的装饰布置来说，突出本民族的文化，或者在特殊场合表现不同民族的文化、精神和特点是很重要的。

时代感，即时代精神。每一民族尽管都有自己的文化，但随着时代的发展，文化也在进步，尤其受科学技术发展的影响，人们的生活习俗、人际关系和人生观念都在变化。在餐饮室内装饰布置中，一些在过去看来不可能有的设施，在今天几乎是生活中不可或缺的。以家具为例，传统的中国家具没有软椅，而现在却已十分普遍；古典家具中，没有专门摆放电视机或音响设备的橱柜和架，也没有空调，但现代的餐厅室内必须配备这些设备。时代感除了反映设施的现代化，也反映观念的不断更新。一些餐饮企业的定期大修小改和设施更新，与紧跟时代潮流不无关系。

民族感与时代感，是餐饮企业保持特色、顺应潮流所必须强调的两大方面。如果片面强调民族感，就可能是民族的风格有了，但舒适感和时代精神被忽视；相反，片面强调时代感的话，现代化的设施有了，但民族风格可能被忽略掉导致城市与城市、饭店与饭店、餐厅与餐厅的区别没了，纽约、东京、上海、桂林的餐厅一个模样，旅游者不可能产生新鲜感。

对我国的旅游饭店来说，在设施走向现代化的同时，强调民族风格的装饰布置有许多有利条件。就历史而言，我国有几千年的文明史，传统的建筑和家具都明显区别于其他国家，艺术中的绘画、书法和雕塑也别具一格，民间工艺更是丰富多彩；就地域而言，我国幅员辽阔，民族众多，民族感不仅独特，而且独特中有变化，剪纸、蜡染、绣花、扎染形式之多、图案之丰富，堪称世界之最。如果以此条件，配以日益发展的现代化设施，我国餐饮企业的内部环境必将引起中外旅游者的更大兴趣。

第二节　餐饮照明艺术

餐饮业发展到如今之辉煌境界，与照明技术的发展是分不开的。在设计饭店建筑时，建筑师必须充分考虑自然采光的效果；而在饭店运作前或运作中，从室内设计师到饭店经营管理者又都必须考虑人工照明的设置。离开了光，饭店室内的空间、色彩、质感等审美要素都无法为人的视觉所感受。

一、餐饮照明的作用

（一）保证室内活动的正常进行

照明最基本的功能是，为各种活动场所提供需要的亮度。人们需要在适当的亮度下进行多种室内活动，以发挥最高的效率。活动时间越长、工作要求越精细，所需照明的质量就越高。餐饮企业要科学地计算亮度，正确地选择光源和投射方式。

（二）改善空间关系，增强空间感染力

照明和灯具布置，与创造餐饮空间艺术效果有密切的关系。光线的强弱、光的颜色以及光的投照方式，可以明显地影响空间感染力。明亮的空间显得大一些，暗淡的空间显得小一些。室内照明可以使室内变得有虚有实，并能增强空间的感染力。比如，在一个大的空间里利用不同的照明方式和灯具，可以把空间分成几个虚实不同的区域，使空间具有一定的层次变化。冷暖光的配置对空间也有一定的影响，暖色灯光照明使空间显得温暖，冷色灯光照明使空间显得凉爽。灯具形式的不同也会影响空间的效果，吸顶灯使空间显得高耸，而吊灯使空间显得低矮。

（三）渲染空间气氛

灯具的形式、光亮度和彩度，是决定空间气氛的主要因素。亮度适当的光线，使空间显得柔和、安静；而昏暗的光线，可以增加空间的私密感。一盏水晶

吊灯可使门厅、餐厅等显得富丽堂皇；旋转变化的彩色灯光可使空间扑朔迷离，令人难以捉摸；多彩的照明（彩色灯光、霓虹灯）可使室内气氛更活跃、更生动、更有节日的欢乐气氛。改变灯光的投射方向，使其在墙面或顶面产生特殊的阴影，或利用灯罩的透光部分在墙面及顶面产生一定的光影效果，都可增强空间的装饰气氛。

（四）体现风格与地方特点

我国的宫灯把灯具的实用性和装饰性很好地统一在一起，充分体现了我国古建筑装饰照明的风格。景德镇的白瓷薄坯灯罩，则具有独特的瓷都风格。

（五）促进身心健康

光线质量，对人的身心健康有直接的影响。如果长期生活在光线暗淡的空间环境里，人们容易精神疲劳、无力、情绪紧张、惊恐，导致视力减退。如果采光方式和受光材料使用不当，也会对人产生相应的影响。近年来的研究证明，光线还影响细胞的再生、激素的分泌以及体温的波动等。

二、照明方式和照明种类

（一）照明方式

1. 整体照明

灯具均匀分布在顶棚上，在各工作面上的照度均匀，空间任何地方的光线都很充足，使整体空间显得宽敞、明亮，如大厅、餐厅均采用此照明方式。由于空间性质的不同，整体照明度的要求也不一样。

2. 局部照明

为了合理使用能源，仅在工作需要照明的地方才布置光源，或在特殊的工作面上提供集中的光源。如，在客房内设置台灯、床头灯、落地灯，并配有调光装置以适应工作、休息的需要。根据不同照明需要采用不同的局部照明，能更好地体现室内气氛和意境。

3. 混合照明

混合照明，是整体照明和局部照明相结合的照明形式，是在整体照明的基础上加强了的局部照明。混合照明在现代室内设计中应用得最为普遍。

（二）照明种类

按照灯具的散光方式，照明大体上可以分为五个大类，如图 5-1 所示。

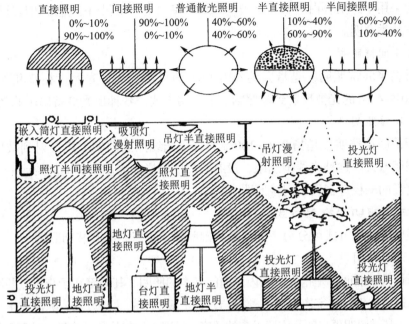

图 5-1 照明种类

1. 直接照明

所谓直接照明，就是指光源有 90%~100% 的光量直接投射到被照物上，而只有 0%~10% 的光量是经过光源投射到天花板或其他反射体上，然后再反射到被照物上的照明方式。一般露天装设的日光灯和白炽灯都属于这类照明。这种照明的特点是光量大，经常在公共性的大空间中使用。另一方面，由于直接外露，它也易产生炫光和阴影，不适于视线直接接触，所以这种灯的玻璃罩常采用半透明的乳白色，以避免光的强射。

2. 半直接照明

所谓半直接照明，是指有 60%~90% 的光量直接投射在被照物上，而有 10%~40% 的光量是经过反射后再投射到被照物上的照明方式。这种照明方式与直接照明大体相同。半直接照明所用的灯具，通常上端开口较小，下端开口较大，一般吊灯、台灯、壁灯等均采用这种照明方式。由于光线不刺眼，在餐厅、商场和居室中常采用这种照明方式。

3. 普通散光照明

所谓普通散光照明，也叫漫射照明。是指光源 40%~60% 的光量直接投射在被照物上的照明方式。这种照明方式的光色较差，但光质柔和。普通散光照明灯具，常采用半透明乳白塑料和毛玻璃外罩。室内的一般吊灯、壁灯和吸顶灯大多数属于这类照明。

4. 半间接照明

所谓半间接照明，是指大约 60% 以上的直接光线首先照射在墙和顶棚上，只有 10%~40% 的光被反射到被照物上的照明方式。各种反光灯就属于此类照明。

5. 间接照明

所谓间接照明，是指 90%~100% 的直接光线照到顶棚上再投射到被照物体上的照明方式。这种光线不刺眼，没有强烈的阴影，光质柔和而均匀。一般的槽灯和暗设的檐板灯都属于间接照明。

（三）照明的布局方式

照明的布局方式可分为三种，即基础照明、重点照明和装饰照明。

1. 基础照明

所谓基础照明，是指大空间内全面的基本的照明。其关键在于与重点照明的亮度要有适当比例，在室内形成一种格调，它是最基本的照明方式。除注意水平面的照度外，基础照明更多的是应用垂直的照度。一般选用较均匀的全面性的照明灯具。

2. 重点照明

重点照明，是指对主要场所和对象进行重点投光。如饭店吧台的照明，其目的在于增强顾客对目击对象的注意力。重点照明的亮度，是根据商品的种类、形状、大小等来确定的，而且要注意与基础照明的配合。

3. 装饰照明

为了对室内进行装饰，增加空间层次，制造环境气氛，常采用装饰照明。为使光线更加悦目，可选用图案形式统一的装饰吊灯、壁灯、挂灯等系列灯具，这样可使室内显得华丽而不杂乱，并可渲染室内环境气氛，更好地表现具有强烈个性的空间艺术。值得注意的是，装饰照明始终只能是以装饰为目的的独立照明，不兼作基本照明或重点照明，否则就会削弱其装饰功能。

4. 亮度标准

在使用各种照明光源时，为了合理、科学地使用光线，还应考虑各种场合的光照亮度标准以及光色与气氛、色温与亮度、光色与对比等因素。

（1）光照亮度的标准。由于用途和分辨的清晰度的要求不同，各种饭店的餐厅亮度也不相同；即使是同一饭店，其内部空间的使用要求不同，选用的亮度标准也是各不相同。

（2）光色与气氛。由于光源的色温不同，光的颜色也就不同。一般情况下，电灯泡等色温低的光源带红色，使环境产生一种稳定的感觉。随着色温升高，逐渐给人一种从白到蓝的感觉，让人觉得爽快、清凉，同时带有一种动感的气氛。

（3）色温与亮度。除了色温会影响气氛外，色温与亮度的关系也会影响气氛。如在基础照明上再使用色温高的光源时，若亮度不高，则有阴晦的感觉；如使用色温低的光源，亮度较高，则会有闷热的感觉。所以根据各种不同环境气氛的要求进行设计时，应适当选用与环境相匹配的色温和亮度。一般设定基础照明的亮度的大致标准是：电灯泡为60~300勒克斯，高色温的白色荧光灯可设定在500勒克斯以上。

（4）光色与对比。在同一空间环境中如果使用两种色差很大的光源，则光色的对比会出现层次的效果。光色对比大时，在获得亮度层次时，又可获得光色的层次。如聚光灯用较小的亮度，便可得到较好的效果。如果光色对比小，仅靠亮度层次而又必须取得最佳效果时，就要使用更高亮度的聚光灯。如果巧妙地运用这些光色对比效果，则可以减少整个环境的照明设备，节约电能。

此外，用光塑造立体感、用光表现质感等，都是我们进行照明布局和确定亮度标准时所要考虑的因素。

三、照明设计的基本原则

餐饮照明设计，在室内的整体设计中占有很大的比重，而且在设计中具有相对的独立意义，具有自己的特点和要求，因而也就有自己相应的原则。

（一）实用性

所谓实用性，就是指无论何种照明都要配合活动性质、照明的光源、光质、采光角度、采光距离、采光方向以及家具等整体环境综合考虑；也就是说，首先应考虑到如何使照明条件有利于人们的就餐、休息等各项活动的正常进行。照度要合适，不宜过低或过高，以免由于照度过高造成浪费能源和损害人的视力，照度过低而影响正常活动和人体健康。照明的实用性还包含着舒适性要求，应满足人们生理方面对照明条件的要求。

（二）艺术性

所谓艺术性，就是要有助于室内空间气氛的表现，使之与环境造型和风格相一致。室内照明要能够丰富空间的层次，显示餐桌台面和陈设的轮廓和体积，所以应对灯光的照度、光质和角度进行精心推敲，力求创造出生动感人的室内空间情调和气氛，增强环境艺术的感染力，使人在心理上感到无比的愉悦。

（三）安全性

所谓安全性，主要是出于对用电安全的考虑。一般情况下，线路、开关、灯具的设置都需要有可靠的安全措施。诸如分电盘和分线路等，一定要有专人管理；电路和配电方式，要符合安全标准，不允许超载。在危险地方要设置明显的标志，以防止漏电、短路等导致火灾和伤亡事故的发生。

四、灯具的形式与选择

灯具，是室内照明的器具。它在室内环境的设计中，除了实用价值外，还在装饰功能上占有重要位置。

（一）灯具的装饰作用

灯具，是人工照明的必需品，又是创造优美的餐饮环境所不可缺少的设备。特别是在需要创造特定气氛时，如宴会厅、美食节等，灯具的双重功能能为营造餐饮气氛带来极大的帮助。同时，利用人工照明能够起到调节室内环境的某种格调和画龙点睛的作用。

灯具的造型和装饰，体现了一定的风格。灯具的风格现在常见的有：古典西式灯具、古典中式灯具、日本式灯具和现代式灯具。这些灯具的造型除了与各自的室内建筑风格相呼应以外，应该指出的是，古典式的灯具绝大部分是受了各种电源灯产生前的人工照明的影响。如蜡烛式、油灯式的吊灯，其造型与 18 世纪的欧洲非电源灯具相差无几；灯笼和多角形木结构灯具，则与中国民间甚至宫廷的油灯、烛灯分不开；日本式的框式顶灯和竹木架的各类灯具，更是其传统灯具的再现。由此可见，合理使用和选择灯具的样式对强调室内装饰布置的风格十分重要，图 5-2 为一组餐饮空间常用灯具图例。

| 吊灯 | 吸顶灯 | 宫灯 | 烛台 |

| 日式灯 | 欧式古典吊灯 | 壁灯 | 工艺台灯 |

图 5-2　餐饮空间常用灯具

（二）灯具形式

1. 吊灯

吊灯是悬挂在室内顶面的照明灯具，经常用作大面积范围的一般照明。吊灯具有照明与装饰的双重功能，由于使用场所的不同，有些吊灯十分注重造型，被称为装饰吊灯，也有些吊灯十分注重照明效果，被称为功能型吊灯。

2. 吸顶灯

所谓吸顶灯，就是灯体直接固定在顶棚上，连接体很小，不像吊灯那样有很长的连线管。这种灯具的形式很多，有带罩和无罩的白炽灯和日光灯。白炽灯一般多采用乳白玻璃灯罩，日光灯管一般都选用白色的有机玻璃灯罩。

3. 投光灯

投光灯具有良好的反射罩，使光能有效地投射在目标上。投光灯被广泛地用于多种场所，一般用在室内的投光灯称为建筑照明灯，用在室外的投光灯称为广场照明灯。

4. 壁灯

壁灯也是我们日常生活中常见的一种灯具。它除了实用性外，还具有很强的装饰作用。常用于大厅、走廊、柱子、门厅、餐厅和咖啡厅等空间环境。

5. 台灯

台灯是人们非常熟悉的一种可移动的局部照明灯具。主要有艺术台灯、直管荧光台灯等。

6. 射灯

射灯都有聚光装置，以保证光的定向投射。射灯的聚光装置主要有三种：一是透射式（在射灯前部安装透镜），二是反射式（在灯泡后面安装反光罩），三是直接使用反射灯泡。其中透射式与反射式的聚光性较好。射灯适用范围广，常用于吧台和餐厅的定向局部照明。

7. 落地灯

落地灯又称坐地灯，它是一种灯座放在地上的可移动式灯具。落地灯按其照明功能可分为两类：一类是主要作局部照明用的高杆落地灯，另一类是作补充一般照明的矮脚落地灯。

8. 艺术欣赏灯

艺术欣赏灯是专供人们欣赏的灯具。这些灯具运用某些新技术，变幻各种色彩的光线，形成各种奇特的造型，给人以艺术的享受。艺术欣赏灯品种很多，现在使用得最多的是光导纤维灯、变色灯、双色悬浮灯、音乐灯与壁画灯五种。双色悬浮灯、变色灯主要用于观赏或装饰。

（三）灯具的选择

灯具在现代建筑装饰工程中扮演着重要的角色，由于它的光、色、形、质的作用，会使本来没有特色的建筑增色不少，对本来已较出色的建筑装饰也能起到锦上添花的作用。因此，在餐饮装饰设计时，灯具的设计和家具一样，应由设计者做总体构思，以取得与整体环境相配的效果。

（1）灯具选型的要领。如何在品种繁多、千姿百态的灯具中选用合适的灯具，其要领可以归纳为以下几点：

①灯具的选型要与整个餐饮环境的风格相协调。

②灯具的规格大小、比例尺度与餐饮环境的空间要相配，并有助于室内空间层次的变化。

③灯具的质地要有助于增加餐饮环境艺术气氛。

（2）了解灯具的构造。为了选好灯具，就必须对现代灯具的构造有一定的了解。从灯具的制作工艺来说，其品种可分为高级豪华水晶灯具、普通玻璃灯具和金属灯具。

第三节　餐饮家具布置

家具，是室内陈设的主要内容，这是由家具在人们生活中的地位所决定的。室内除了建筑部分外，无论是从功能、数量还是从所占空间来看，家具都占有主要地位。现代新型饭店、宾馆的建筑设计，尤其是室内设计，都会考虑家具的因素，在尺度、数量、位置乃至风格上都经过精心的计划。

从某种意义上说，家具的布置反映了厅室的功能，不同的区域需要选用不同的家具。同时，家具还有其精神方面的功能，当用家具限定空间、增强私密感或通过配备不同样式的家具来反映不同的民族文化传统时，家具的作用就不仅仅是实用了。

学习餐饮环境的家具布置艺术，目的在于掌握更多的关于服务管理工作中家具的变更、搬动方面的理性知识。

一、家具的形成和发展

家具与建筑一样，是随着人类的发展而发展的。作为生活实用品，其形式、种类和用材完全随着人类生产、生活的改变而改变。任何一种家具，无论是从实用来讲还是从美感来讲，其发展趋势都与人们的生活习惯和审美意识相联系。

家具形成的历史是十分悠久的。在我国，公元前 17 世纪的商朝就已有了家具的记载。南北朝时，百姓虽然仍保持席地而坐的习惯，但权贵、士大夫的生活已开始改变，睡眠用的床已增高，周围有可折叠的矮屏，床上出现了供人倚靠的长几和曲几。隋唐时，跪坐开始向垂足坐过渡，并已出现长桌、长凳、腰鼓凳、扶手椅、靠背椅和榻形床。在当时的大型筵席场合，有供多人列坐的长桌及长凳。到了北宋，跪坐的习惯基本改变。随着这一习惯的改变，矮型家具被高型家具所取代。

进入明代，传统家具的形制日臻完善，品类也日益齐全，如图 5-3 所示。其特征可以概括为：用材合理，既注重材料性能，又充分表现材料本身的色泽和纹理；结构简明，采用梁柱形式，符合力学原理；造型稳定、大方，并符合人体功能；作为厅室配置的整套家具，还注意彼此的协调。这些，对于现代旅游饭店的家具设计都有借鉴意义。

图 5-3 明代家具

到了清代，家具在造型与结构上虽然继承了明代传统，但宫廷家具却一味追求富丽华贵，如用宝石、大理石等镶嵌，大量的雕刻，模仿古器物造型等，如图 5-4 所示。这些正是如今为什么常把清代家具作观赏之用的原因所在。

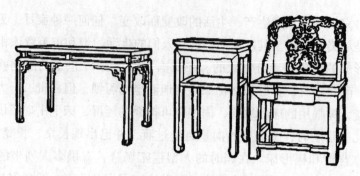

图 5-4　清代家具

在国外，最早的是古埃及家具，产生于公元前 15 世纪，以后经过了漫长的发展历程。国外古典家具的风格，主要有古希腊式、古罗马式、拜占庭式、仿罗马式、哥特式、文艺复兴式、巴洛克式、洛可可式、美国殖民地式和新古典式等。其中，哥特式家具与哥特式建筑在风格上是一脉相承的，家具的结构大多为框架镶板。文艺复兴以后的家具风格，有许多至今仍为仿古家具沿用，在古典风格的布置中运用。

文艺复兴式家具，产生于意大利，以后逐渐流行于欧洲各国，镶嵌技术被广泛应用，并借用了建筑上的装饰方法和要素。如图 5-5 所示。

图 5-5　文艺复兴式家具

巴洛克式家具，产生于法国路易十四时期，具有强烈的流动感，常采用猫脚形椅腿和花瓶形椅背。在法国，这种家具有的还镀金和嵌象牙等。英国的安娜女王式家具最突出的特点是弯脚和琴式高椅背。如图 5-6 所示。

图 5-6　巴洛克式家具

洛可可式家具，产生于法国路易十五时期，以回旋曲折的贝壳曲线和精细纤巧的雕饰为主要特征，现作为典型的法式家具而闻名。如图 5-7 所示。

图 5-7　洛可可式家具

美国殖民地式家具中，比较典型的是夏克式和温莎式椅子，前者椅面用灯芯草编织，后者几乎全部用旋制的细木棍做成。如图 5-8 所示。

新古典式家具，以直线作为造型构图的基调，多为朴素的四方形，脚是下溜式的圆柱体，并雕有长条凹槽，如图 5-9 所示。新古典式家具，在法国称路易十六式，在英国称谢拉通式，比法式更简化，现作为典型的英式家具。

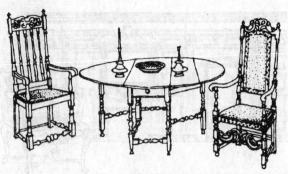

图 5-8　美国殖民地式家具

图 5-9　新古典式家具

　　欧洲古典式家具，一直流行到 19 世纪，随着大机器生产的发展，古典式家具逐渐不适应现代生活的需求。20 世纪初，当德国包豪斯家具问世以后，一种完全不同于古典家具的新型家具产生了，这就是现代家具。经过几十年的发展，其特征可以概括为：结构合理、造型简洁、用材广泛，一切围绕使用功能，同时有利于使用机械化、自动化等工艺批量生产。现代家具追求的美，不在于表面纹样或雕刻，而在于整体的线条、节奏和色彩，如图 5-10 所示。

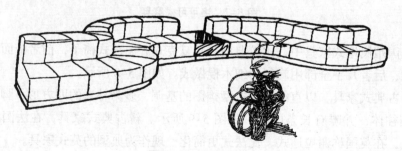

图 5-10　现代家具

以上是家具发展的一般情况。总体上饭店家具并无独特之处，但是随着饭店业的兴旺，其在功能和形式上却越来越显示出"饭店化"的特点。例如，家庭内的家具，抽屉占有重要比例，这是为了有条理地进行物品分类，但是在旅游饭店客房内的家具抽屉却不必太多，抽屉多了用不着，更重要的是宾客在匆忙离店时容易将物品遗留在饭店。从家具的整体造型来说，饭店家具与家庭家具也有差异。为了使餐厅具有开阔、舒展的感觉，现在餐厅家具的高度一般要求都在视平线以下。饭店家具在自身发展方面，有一些被称为"纯饭店"的家具不应该被忽略。

在艺术方面，饭店家具也有自己的发展，尤其是新建的豪华饭店，家具的造型、色彩、图案都与饭店的建筑配合一致，并在注意功能的前提下体现装饰效果。保留古典家具的某些线条特征，加上现代家具讲究功能的结构造型和制作工艺，是饭店家具发展的主要趋势。目前，国内新建饭店已有许多这样的例子，如中式餐厅的家具大多为明式改进型，西式餐厅的家具大多为路易式改进型或新艺术风格型等。

二、家具的种类和用材

家具的种类，是就功能和性质而言的；用材，则是指所采用的不同材料。

（一）种类

家具的种类，按使用功能可以概括为坐具、卧具、承具、柜具、架具和屏具，按性质又可分为重实用的家具和重装饰的家具。饭店餐厅大部分家具属于重实用的家具，如沙发、茶几、餐桌、落菜台、餐具柜等；重装饰的家具，主要有琴桌、条案、古玩橱（架）、花架及套几等。从作用上看，屏风也可归为重装饰的家具。

重装饰的家具，在生活中不是必备家具，但是作为艺术陈设却十分重要。如中国传统家具中的琴桌，最初是用于摆放古琴（古筝）之类，现在与条案一样，主要是遮挡视线和分隔空间，同时也有装饰、陪衬的作用。屏风在餐厅的使用最普遍，其形式可分为折屏（折叠式）和座屏（直插式）两种。中国传统式艺术屏风，大都绘有人物、动物、花鸟、山水或书法，具有欣赏价值。古玩橱和古玩架，都是摆放古董或其他装饰品的，其区别在于橱一般有玻璃门，而架是开敞式的，如图5-11所示。

图 5-11 橱与架

（二）用材

家具的用材主要有木、藤、竹、金属、石、陶、瓷、塑料及各种软塑。不同材料的家具有不同的特点。木质家具使用最普遍，因为木质家具的加工方便，品种规格也多。木质家具纹理优美，导热性小，具有亲切感，其中紫檀木、红木、柚木、核桃木等家具比较名贵。藤竹制的家具，常用于庭园、中庭、晒台、花园、茶室及咖啡室等处（夏季或热带地区也用于室内），其优点是质地坚韧、色泽淡雅、造型多曲线。竹制家具的优点是清新凉爽。金属制家具，是随着工业化程度的提高而不断发展的一种家具，适合成批生产，给人的感觉是精巧流畅。目前，饭店的大餐厅及会议室等处常采用金属管的折椅或可叠式椅子。石制、陶瓷制的家具，常用于饭店的花园或露天场合，给人的感觉是古朴典雅。

三、家具的选择与布置

（一）家具的选择

家具的选择没有固定标准，它受特定的室内空间条件、环境气氛要求、经济因素等多方面的影响和制约。

（1）空间尺度方面。家具既然是特定空间中的构件，就应考虑在这个空间中的协调，其中尺度的协调是一项重要的内容。大空间通常用大尺度的家具，反之亦然，这样家具与室内环境才能浑然一体。如果处理不当，则会使大空间显得空旷寂寥，小空间显得拥塞窒息。

（2）通用性方面。家具是投资较大、使用年限较长的物品。不可能像一般物品那样经常更新。但人们的生活日新月异，这就要求家具在一定程度上要与这种趋势相吻合，也就是说在选择家具形式的时候有一个通用性的要求。这里的通用性有两层含义：一是要求家具造型简洁、大方，适于多种组合却又不影响其使用功能，能满足家具多种布置的可能，达到"常换常新"的目的；二是要求家具不要过于笨重，要便于搬运，这一点在家具选择时应引起足够的重视。

（3）空间意境方面。空间意境决定了家具的风格。华丽、轻快而活泼的室内气氛最好配置色彩明快、形体多变的现代家具，朴素、典雅的室内气氛最好配置色彩沉着、形体端庄的古典家具。总之，不同意境的室内气氛要求配置不同形态的家具。

家具不仅本身要美（包括造型、色彩和装饰纹样等方面要美），更重要的是整体风格的协调统一。

①风格。装饰布置要求家具与家具要配套，家具与环境要协调，形成一种独特的风格。在中国古典式建筑中，一般不摆放西式家具。同样，在古典西式建筑中，也不宜摆放中式家具。另外，环境的气氛也要求有相应家具的风格，如在轻松明快的茶室中，往往配备藤制、竹制的桌椅等。

②色调。一般成套家具的色彩是一致的，如果是另配的家具，就要看彼此是否协调。家具与室内环境的色彩关系更应注意保持合理，墙面、地面是家具的背景和衬托，彼此的色调应能构成一个整体。

③式样。这是在非成套家具放在一起时才会出现的问题。有的非成套家具虽然是一种风格，但不是一种式样，如家具的腿、脚、拉手和图案不相同，这种细节的差别也会影响整体的完美。

④便于清洁方面。家具与人关系密切，常接触的把手、椅把等处会出现污垢，所以必须考虑便于清洁的问题，尤其在餐厅中，这一点显得特别重要。因此，选择家具时，应尽量不选那些造型复杂、装饰烦琐、多凹线脚的家具。

⑤安全问题方面。人们在室内活动中与家具接触的机会最多，且使用频繁，磕磕碰碰在所难免，不慎被碰倒也时有发生。所以，在选择家具时，也有个安全的问题。这就要求家具的线角处理应圆润、光滑。尤其是有老人和儿童时更是如此。其次，对家具的牢固性也应认真选择，以免倒塌伤人。

（二）家具的布置

家具的布置不仅与使用功能有直接关系，同时对组织室内小空间也具有重要作用。在既定的建筑空间中，空间的平面形式多种多样，有时难免碰到比较杂乱的平面形式，这时，用家具来组织空间就是必不可少的手段了。可以在杂乱空间的联系点上摆放与之相适应的不同形式的家具，使空间有分有连，形成完整的空间形态。这样，无论在心理上还是在视觉上，都使被重新组织的空间产生一定的秩序感和节奏感。

在室内陈设中，为了使空间的效率有所提高，满足多种实用功能的要求，常常用家具来分隔空间。这种由家具的高低和宽窄不同所限定的空间，其强度和形式是多种多样的。

在某些场合，为了创造室内空间轻快、活泼的气氛，可用家具布置达到空间流动的感觉，把立体形式的家具巧妙地放在空间中间部位，使室内空间显得自由多变。有时为了加强房间的纵向深度感，可利用透空的家具做垂直隔断，以增加空间的层次感。当然，还可以通过多种家具布置形式来创造富有情趣的空间环境。

第四节　餐饮陈设

餐饮陈设的内容，涉及建筑、家具、纺织品、日用品、工艺美术、书画、盆景艺术等领域。餐饮陈设，是人们在餐饮活动中的生活道具和精神食粮，也是餐饮设计的主要内容之一。餐饮陈设必须在满足就餐人的文化、审美、习惯、休闲等要求的同时，符合形式美的原则，形成一定的气氛和意境，给人以美的享受。

一、餐饮陈设在室内装饰中的作用

餐饮陈设与民族的文化传统、地区特点关系密切。中国历史悠久，具有灿烂的文化遗产，古代建筑中常把彩画、壁画、书法、雕刻、瓷器、玉器、漆器等工艺品和竹帘、屏风等作为陈设的内容，兼有典雅、含蓄、富装饰性等特征和品位。我们在选择陈设内容、确定陈设格局、形成陈设风格等方面，都要充分考虑餐饮空间的性质和用途。餐饮陈设的作用是多方面的，从宏观上加以概括，表现为以下几个方面：

1.表达意境

在餐饮整体设计中，所谓立意，就是反映餐厅表现的某种情调，给人以某种体验和感受。要达到这个目的，除了装饰手段外，陈设的作用不可低估。由于陈设的格局、内容、形式和风格不同，就会创造出不同意境的环境气氛。例如，京华饭店的唐宫餐厅是唐代室内风格，通过陈设与装饰一起渲染了一个高贵富丽、气势超凡的豪华环境气氛。室内宫灯高照，主要立面竖立着烫金大红双喜屏风，还高挂金色的匾额，装饰华贵的织物，把这种气氛表现得淋漓尽致。如图 5-12 所示。

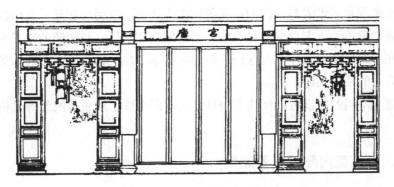

图 5-12　京华饭店的唐宫餐厅

2. 表现风格

不同的餐饮陈设内容和形式具有表现不同的室内风格的作用。民族特点和文化背景对于现代室内设计风格具有深远的影响。为了表现室内设计的民族风格，可陈设传统的工艺品、挂画、书法、陶瓷等器物。如旅馆、饭店在某些厅室陈设一对古典式的花瓷瓶，使室内产生传统的韵味。为了表现西洋古典的餐饮风格，也可以采用相应的陈设品，如西洋古典器物等，以达到追求和强化欧美气息、氛围的目的，如图 5-13 所示。

图 5-13　西洋古典的餐饮风格

3. 体现个性

在特色餐厅中，通过陈设的内容和形式可以体现出主人的性格、职业、爱好、文化水准和艺术素养。例如：在餐厅室内摆设一些书法作品、文房四宝、笔筒、陶瓷器皿等，可表现主人对书法艺术的偏爱和崇尚，与传统的中国文化融为一体。在原始风格的餐厅室内摆设一些动物标本、兽头、猎枪，可展示餐厅主人在怀旧方面的独特兴趣。

总之，不同的摆设可以反映室内环境的不同个性。从餐饮的装饰风格便可以说明这一点。

二、餐饮室内陈设布置原则

（1）只有在充分了解空间性质和功能要求的前提下，才能进行符合空间要求的室内陈设设计与布置，选择与总体设计主题相关的陈设。有些陈设品单个来看都很美，但是美得又各有特色、各具韵味。如果把这些美的东西简单地堆在一起，只能走向良好愿望的反面，令人眼花缭乱，感觉凌乱不堪。选择陈设品时切不可张冠李戴，比如说在中国传统特色的空间内放一尊维纳斯雕塑，就有点不伦不类了。

（2）餐饮陈设和布置要注意特定空间和尺度的关系。大空间的陈设尺度要大一些，小空间的陈设尺度要小一些。功能性陈设品是指本身具有一定用途且兼具观赏趣味的实用品。如日常器皿、家具、绿色植物、书籍等。空间的陈设要有一个适中的尺度。如一件雕塑作品，放在西式餐厅合适，放在中式餐厅就未必合适，甚至会显得难受。主题性的陈设品要轮廓体感突出、色彩明朗，且位置适宜，同时注意留出观赏空间。

（3）餐饮空间的陈设布置要有一定的艺术性，并创造符合设计意图的环境气氛。如餐厅陈设要配合点缀室内环境的亲切、恬静的气氛，厅堂及人们出入、汇集的场所要注意民族传统和地方特色。

（4）餐饮室内的总体色彩效果应以典雅、低纯度色为主，局部可用高纯度色或对比色进行点缀处理。陈设品不以多和大出奇，而应以精巧取胜。陈设品要在室内环境中起到画龙点睛的作用。

三、餐饮陈设品的选择

陈设品的选择，除了必须把握个性原则、加强室内的精神品质以外，同时必须兼顾下列几个基本因素：

1. 风格

风格是选择室内陈设品的重要考虑因素，原则上是在和谐的基础上寻求与强调的统一。体现陈设品的风格有两种主要途径：选择与室内风格统一的陈设品，或是选择与室内风格对比的陈设品。陈设品的风格若与室内风格统一，则属于正统的处理方式，可以在融洽中求得适当的加强效果。相反，如果采用对比的手法，则属于非正统的处理方式，可以在对比之中得到生动的趣味。前者要求陈设品本身的造型和色彩均必须较为强烈，否则将无法产生加强效果；后者则要求陈设品本身的风格必须和谐，而且数量必须尽量减少，以免喧宾夺主。如将传统的卷轴国画陈列在传统的中餐厅中，风格上是统一的；同样，将现代的抽象油画作为现代餐厅的墙面陈设，风格上也是和谐的。然而，如果将两者交换陈设，则陈设品与室内环境之间就会形成强烈的对比，除非设法寻求共同的因素和消除矛盾的条件，否则难以收到良好的效果。可见，陈设品的风格必须以室内风格为依据。假如室内风格非常独特，则陈设品的风格几乎别无选择，只有侧重于室内相同的风格；假如室内风格不明显，则陈设品的风格具有较大的弹性，可以从各种不同角度去寻求和谐与强调的途径。

2. 形式

从某种意义上讲，陈设品的形式比风格显得更为重要。换言之，陈设品的造型、色彩和材质表现是选择陈设品更为重视的条件，尤其是现代室内设计日趋单纯简洁，陈设品的形式也更显重要。从造型角度来讲，虽然必须寻求陈设品与室内风格的统一，但更要重视它的强调效果。譬如，在一面非常单纯的墙上选用一个或一组同样单纯的木刻墙饰，其与背景之间的对比效果必然不尽如人意。很明显，要想打破室内过分统一的单调感觉，采用适度的对比获得强调的效果是一条可靠有效的途径。可是，必须注意，当陈设品的造型与室内背景形成过分强烈的对比时，也难有很好的视觉效果。只有根据平衡和比例原则，通过减少数量或缩小面积和体积的方式进行适当的调节，才不致产生过分堵塞和喧闹的不良效果。

3. 色彩

陈设品的色彩常属于室内色彩设计的强调色。除非室内色彩已经相当丰富，或者室内空间过于狭小，一般而言，陈设品大多采用较为强烈的对比色彩。同时，即使陈设品本身的价值和意义特别珍贵和重大，或者造型特别优美，也应该避免使用单调沉闷的色彩。实际上，色彩的对比包括色相、明度和彩度的对比，并不单指以补色为主的色相对比。在一间素雅的浅蓝色调的海鲜餐厅里悬挂一幅鲜明的橙黄色调的油画，从补色对比的角度考虑，将会产生强烈的对比效果；在一间明亮的暖色餐厅里选用浓重的玫瑰红灯罩，则是从明度的对比之中去寻求突出的对比效果；同样，在一间素净的冷色餐厅中摆放一对明丽的宝石蓝饰瓶，则是从彩度的对比之中去寻求明快的对比效果。然而，陈设品的色彩强调不能缺乏和谐的基础，如果色彩过分突出，必然产生牵强生硬的感觉。尤其是在选择数量较多的陈设品进行陈列时，色彩往往较为复杂，此时要善于运用色彩平衡原理，调节色彩变化，达到色彩之间的相互融洽。

4. 质地

对陈设品的材质必须充分把握并给予适当发挥。陈设品的种类繁多，其所用的材料很复杂，只有分别组织各种不同材料，经过不同的技巧处理来呈现不同的质地，才足以把握陈设品在材质方面的特色。如磨光大理石花瓶表现出柔细光洁的趣味，而毛面处理的大理石花瓶却显得粗犷浑厚。同样，原木果盘具有一种厚实朴素的雅致风格，而经过油漆处理的原木果盘却有细腻华丽的感觉。一般情况是，在同一空间中，只有选用材质相同或与陈列背景形成对比效果的陈设品，才能在统一之中充分表露材质的特色。

四、陈设品的布置

（一）陈设布置要点

在设计与布置陈设品时，必须充分了解功能上的要求、具备一定的艺术鉴赏能力，具体应注意以下几点：

（1）根据空间大小布置陈设品。一般情况下，大空间的陈设布置偏大，小空间的陈设布置偏小。

（2）根据空间的使用性质考虑陈设布置的内容和形式。在人们停留时间较短的地方，布置的陈设品应考虑粗犷、明显、突出等特点，而在中庭、餐厅等人们逗留时间较长的空间，陈设品宜细腻、精致、小巧玲珑。

（3）室内总体色彩效果应根据使用功能决定。如小空间内的色彩一般应以淡色调为主，局部装饰物是高纯度色或与家具成对比色处理，避免色彩面积上完全对等或者接近对等的情况，要运用典雅中求丰富、统一中求变化的陈设手法。

（二）几种基本陈设布置

陈设品的布置是一项颇费心思的工作。由于餐厅室内的条件不同，个人因素各异，因此难以建立某种固定而有效的模式。从陈列背景的角度来说，室内任何空间都可以加以利用，其中最常采用的基本陈设布置有以下几种：

1.墙面陈饰

墙面陈饰，以绘画和浮雕等美术品或木刻和编织等工艺品为主要对象。事实上，凡是可以悬挂在墙壁上的纪念品、嗜好品和各种具有美感的器物等均可采用。在大多数情况下，绘画作品是餐厅最重要的陈饰品之一，必须选择完整和适于观赏的墙面作为陈列的位置。除了重视作品的题材和风格以外，进行墙面陈饰时，还必须注意陈饰品本身的面积和数量与墙面的空间、邻近的家具以及其他装饰品之间的比例关系，必须注意悬挂的位置如何与邻接的家具和其他陈设品取得相对的平衡效果。墙面小而画面大，势必显得局促，不如小幅作品来得恰当；相反，墙面大而画面太小，则会显得空洞，必须通过加大画面或增加篇幅来加强气势。当然，墙面的适度留白是很重要的，否则再精彩的作品将因局促而减色。如果想要取得较为庄重的感觉，可以采用对称的手法，将一幅或一组图画悬挂在沙发、壁炉或餐厅主面的上方的中央位置，使之与邻近的所有摆设形成对称平衡的关系。这种方式简单有效，但要避免呆板。相反，如果希望获得较为活泼而生动的效果，则应用非对称手法最为有效，但必须从所有陈设的量感调节中去发挥平衡作用。另外，陈列的方向也是很重要的，同样一组图画，水平排列使人感觉安定而平静，垂直排列则使人感觉激动而强劲。此外，如果一组墙壁必须同时陈列数量较多、面积差别较大而题材风格较复杂的图画时，由于本身的变化已经太多，所以只有从整体的秩序着手，尤其是对于面积的配置和色彩的分布等问题，必须搭配调节得当，避免凌乱，力求达到完整协调的效果。一般墙面陈设的原则大致相同，若能灵活、科学地布置陈设品，无疑可以获得理想的效果。图5-14是一组墙面陈饰效果图例。

对于一些有主题的厅室，如龙凤厅、孔雀厅、翠扇厅、百花厅等，墙饰的内容可以是相应的"龙凤呈祥""孔雀开屏"、翠竹和扇面以及"百花图"等。

季节是决定墙饰内容的另一重要因素，如冬季室内宜选择暖色调的花果、翎毛、满山红叶之类的画，夏季宜选择冷色调的海景、雪景、翠竹、荷塘之类的画。

此外，顾客的嗜好、忌讳和宗教信仰也是确定墙饰内容时灵活应变的主要依据，以体现"宾客至上"的宗旨。

墙饰品内容选择不当会对顾客造成不良印象，在一定程度上影响顾客对整个室内的感受。因此，适当地选择墙饰品内容对加强室内布置的整体效果十分重要。海景、瀑布可以消除或冲淡室内沉闷的气氛，旷野、曲径可以增加室内的景深。

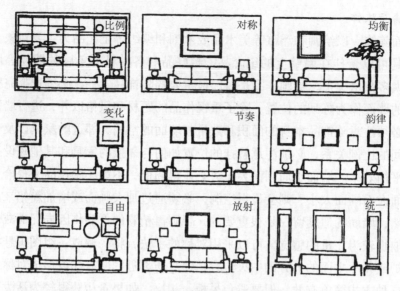

图 5-14 墙面陈饰效果图例

墙饰品的布置切忌漫无目的和随意性做法，如一晃而过的地方一般不挂或少挂画，即使挂也应以简洁的内容为宜。国外有些室内设计人员在室内墙面的巨幅画面上仅画上一些放大的花蕊。或者仅挂上抽象的浮雕，这些看来似乎不可思议，但整个室内的整体效果却显得十分自然，这就是墙饰品的形式、内容与室内布置相和谐的表现。

墙上饰品的悬挂涉及两点：一是挂的位置，二是挂的方法。墙饰的位置应该取人们的最佳观赏视域，这个视域与普通人的身高、画面大小和观赏时的距离都有关系。画面过高或过低，离视点过远或过近都会影响观赏效果。有些墙面虽大，但不宜挂整幅大画，就是因为观赏距离不够，使人只能局部欣赏而看不到整体效果。至于画面的高低，一般以画幅中心适当高过人眼视平线为宜。

从室内整体效果出发，一个厅室的各个墙面作为景观点应有主次之分。所谓"主墙面"，就是指室内主要装饰墙面，其他墙面不能与之"分庭抗礼"。

在挂画的方法上中西绘画有所不同。传统的中国画通常画面与墙垂直紧贴。古典西画大幅的也有垂直布置的，而小幅画一般与墙面形成15度至20度的俯角，以适应人们的眼睛观赏角度，避免画面反光及增加墙面变化。现代中国画也有用西式画框布置而与墙面形成俯角的，同样，现代西画也有固定于墙面并与墙面保持垂直的。

墙饰品在管理上，要求对画框的榫头、铜环、蜡绳等在布置前进行认真的检查，并按期清洁和摆正画的位置。

2. 桌面陈设

以餐桌的陈设布置为例，在欧美各国，餐桌的陈设考究而严格，它不仅是用精美的餐具求取高贵的感受，更是以巧妙的摆设品来加强用餐的愉悦气氛。相比之下，中式餐桌的布置显得较为乏味。从广义角度讲，桌面陈设的范围较为广泛。它包括咖啡桌、茶几、灯桌、边柜、供桌等桌面空间在内。而适宜陈列的摆设品则以灯具、烛台、茶具、咖啡具和烟具等应用器物以及雕塑、玩偶和插花等艺术品或工艺品为主要对象。事实上，桌面陈设的原则与墙面陈饰大致相同，其中，最大的差别是桌面陈列必须兼顾生活及活动的配合，并注意更多的空间支配问题。比如，在一张咖啡桌上同时陈设了烟具、茶具和插花等摆设品，其中的烟具和茶具与聚谈或交谊等休闲活动有关，必须陈列在使用方便的位置；插花虽然纯属装饰性的，但不能陈设在对活动有妨碍的地方。从陈列的形式来说，桌面的所有摆设品不仅必须搭配和谐、比例均衡、配置有序，而且必须与室内整体紧密联系。很明显，桌面的陈设如果五花八门，室内必然杂乱无章；如果比例失调，必然参差不齐；如果毫无条理，必然凌乱不堪。因此，桌面摆设必须在井然有序之中求取适当的变化，从均衡的组织之中追求自然的节奏，只有这样，才能产生优美的视觉效果。

桌面摆件，是一种相对墙面挂饰而言的平面安放的物品。其中有纯属观赏性的，有兼具实用价值的，有原先是生活日用品而后来成为观赏的，也有仍以实用为主、兼具观赏的。这些物品在室内装饰布置中，可以成为很好的点缀。

（1）摆件的品种及鉴别。摆件的品种，按内容可分为古玩、珍贵的自然物、现代工艺品、玩具、纪念品、文房四宝以及实用工艺品等；按其质地，可以分为象牙雕刻、玉石雕刻、竹木雕刻、贝雕、螺钿、翡翠、琥珀、玛瑙、青铜器、景泰蓝、黑陶、瓦当、唐三彩、颜色釉、青花瓷、车料、竹编、布娃娃等。如此众多的摆件，作为观赏物，有的取其自然形态，有的取其质地晶莹，有的取其色彩艳丽，有的取其纹样优美，有的取其稀少名贵，有的则取其历史意义和典故等。当然也有各种价值兼备的，如青铜器和陶瓷器最初大多是实用品，现在作为观赏品，一是由于年代久远（即使是仿制品，其造型、色彩和花纹仍有古味），二是因为有优美的造型和花纹。在宾馆、饭店，只有极少数场合，如高级宴会、酒会等，才将其作为盛器或插花器具使用。

衡量某一摆件的优劣，首先要明确其属于何种品类，再做辨别。如现代工艺品、各类雕刻、车料和竹编等，关键在于制作工艺和艺术性，原料质地次之；翡翠、琥珀、玛瑙则以质料为主，工艺制作在后；青铜器和陶瓷器、瓦当等。作为古玩，首先是制作年代，其次是艺术档次。在室内布置中，摆件的好坏切勿仅看其价格（原料的名贵和工艺的精湛），而主要应看其在整个室内的含义和整体效果。

（2）摆件的布置。摆件的布置在总体上虽然有共性，但作为具体的品类，纯属观赏性的物品与以实用性质为主的物品的要求是不同的。属于实用性质的电视机、DVD 等，一般安放在固定的桌面或几架上，位置根据视听效果决定；热水瓶、玻璃杯等餐饮用品，除了保证使用方便，还要注意在室内的整齐。属于观赏性的物品，在布置中需要考虑的因素主要有品种的选择、形态的处理、色彩和质地的配备以及在空间形成的构思效果等。

（3）品种的选择。摆件的品种很多，应该选择什么形式的摆件进行布置与厅室功能、个人嗜好都有密切关系。就功能而言，中国人的书房习惯摆放文房四宝和古玩等具有文人趣味的物品，餐厅常以优美的玻璃器皿和陶瓷器皿作装饰，休息厅则摆放各种工艺精湛或有趣的艺术品。饭店的接待部门应了解常客或重要来宾的个人嗜好、民族习俗、宗教信仰等，这些对指导我们选择合适的摆件很重要。

陈设橱上的摆件的品种不能太杂，如古今中西的不同风格，金属、陶瓷、竹木、玻璃的不同质料，都应有整体安排，不能随意拼凑，以确保某种格调。

（4）形态的处理。摆件的形态既表现其自身，也表现出它与橱架或与其他摆件的关系。一个硕大的花瓶放在一个很小的几架上，或者一个很小的雕刻品放在一个很长的条案上，都会让人觉得比例失调。同样，摆件与摆件也有形态的问题，只要风格类似、摆放合适，都能取得和谐的效果。但大小比例悬殊或折线、圆线混杂，则难免影响整体效果。摆件间的这种关系还反映在装饰小品的布置上，通常巧妙的构思可以取得情节效果，而随意摆放则很可能给人以松散的感觉。

（5）色彩和质地。摆件作为室内的点缀，其色彩应该选择室内之所需，或者选择对比色，起画龙点睛的作用，或者以某一部分的相同色起呼应作用。陈设橱里的摆件色彩除了考虑室内效果，还得注意摆件与橱的关系。通常情况下都是以明度对比的方法进行布置，如深色橱选浅色摆件，浅色橱则选择深色摆件。当橱架与摆件色彩相近时，应利用衬垫或不同色彩的托盘予以分隔。

摆件的质地在布置中也十分重要，一般光滑的物品（如瓷器、玻璃器等）都是采用粗糙的背景，而粗糙的物品（如陶器、草编、绒毛娃娃等）则采用光滑的背景，以显示各自的质感特点。

（6）空间关系。摆件的空间关系主要指摆件在空间的布局与构图关系。如果一个条案上放两件不同的摆件，就应一左一右注意平衡。当然，这种平衡与摆件本身给人的视觉轻重感是分不开的。摆件的轻重感除了体积因素外，颜色轻重、质地松紧等都会对其产生影响。不同轻重感的摆件并列陈设，可以通过左右前后的移动来求得构图的平衡。如果在一个大的陈设橱里陈设摆件，则摆件的空间关系主要体现为橱面构图的疏密和虚实的变化。平均摆放容易呆板，但无章法的摆放也会使空间混乱。按视觉美的法则，应该是规整中求变化，对称中求均衡。

此外，摆件的空间关系还表现在与墙饰品的关系上。摆件与挂饰无论从高低、宽窄，还是从风格、色彩上都只能是相互映衬，而不能是彼此排斥。时常出现的将高摆件挡住画幅的现象应尽量避免。

3. 橱架陈设

橱架陈设是一种具有储藏作用的陈列方式，适宜单独或综合地陈列数量较多的酒具、书籍、古董、工艺品、纪念品、器皿、玩具等摆设品。然而，无论是采用壁架、隔墙式橱架还是陈列式橱架，橱架本身的造型色彩必须绝对单纯，变化太多或过于复杂的橱架不宜作为陈列背景。同时，陈设品的数量以少为宜，避免使人产生过分拥挤或不胜负担的感觉。基于这个原则，不妨将摆设品分成若干类型分别陈列，而将其余的暂时储藏，一来可使陈设的效果更为增色，二来可使陈列的题材时有变化。假如有必要同时陈设数量较多的摆设品，则必须将相同或相似的器物分别组成有规律的主体部分和一两个较为突出的强调部分，然后加以反复安排，从平衡关系的调节中求取完美的组织和生动的韵律。

事实上，陈设品的陈列可以随处任意设置，除了上述的基本方式以外，门窗、地面和天花板等空间都能作为良好的陈设背景。只要选择恰当、构思巧妙，必能化平凡为神奇，为室内制造盎然的情趣。

本章小结

餐饮环境的装饰和布置是研究美化优化环境、合理使用空间，使饭店生活服务更加科学化的一门学问。随着餐饮事业的不断发展、饭店设施的不断更新和人们对生活服务要求的不断提高，越来越显示出餐饮装饰和布置的重要性。本章系统介绍了餐饮装饰中的照明、家具、陈设品的合理选择与布置，特别讨论了餐饮室内陈设布置的原则与作用，同时又对照明的作用与方式、家具选择的标准进行了阐述。

 思考与练习

一、职业能力应知题

1.照明方式与照明类型可分为哪几种？各有什么特点？

2.灯具的常见风格有哪些？它们与餐饮室内整体布置的关系如何？

3.如何进行餐厅家具的布局与餐桌的布局？

4.西式古典家具主要有哪些风格？各有什么特点？

5.选择家具在功能和审美上各有什么要求？

6.如何确定墙饰的形式和内容？

7.摆件布置的形式与应注意的问题有哪些？

二、职业能力应用题

1.论述餐饮环境装饰和布置的基本思想。

2.结合美学，谈谈餐饮装饰布置的地位与作用的主要体现。

第六章

烹饪饮食器具造型艺术

学习目标

➢ 应了解、知道的内容：
  1. 饮食器具之美是饮食美的重要组成部分
  2. 饮食器具既有实用价值，又有审美价值
➢ 应理解、清楚的内容：
  1. 中国饮食器具的历史发展　2. 盛器的种类　3. 酒具、茶具、食具
➢ 应掌握、会用的内容：
  1. 发挥餐具之美，应在使用餐具时处理好多方面的多样统一关系
  2. 盛器的选择与应用
➢ 应熟练掌握的内容：
  饮食器具美学原则

　　人类的劳动，是一种按照美的规律创造的活动。饮食器具作为日常生活实用器具，在现代生活中占据重要地位。它们具有的历史、艺术、科学、实用的内在价值将随着社会的发展与进步，逐渐被人们所认识、利用。在饮食器具的使用过程中，其优美的造型、和谐悦目的色彩装饰都给人以无穷的美感和享受。因而，饮食器具之美也是烹饪美学的重要组成部分。饮食器具既有实用价值，又有审美价值。因此，餐饮企业必须研究饮食器具的美学价值，并正确地加以利用，给顾客以美的享受。

第一节　中国饮食器具美

中国传统的烹饪饮食器具，不仅在烹饪宴饮活动中有着不可或缺的实用价值，而且具有很高的艺术价值，成为中国文化宝库中的一颗璀璨的明珠，占据着十分重要的地位。饮食器具之美，是餐饮艺术整体美的重要组成部分。倘若在优美的环境中品尝着美味佳肴，而餐具十分粗劣，或者在形式美方面完全违背筵席的主题，其整体美将会被破坏殆尽。餐具造型能给人以清洁卫生、舒适愉快之感，而且让人增强食欲。饮食器具造型之美，还有利于增进烹饪艺术家对本职工作的热爱，提高劳动热情，激发创作才能。饮食器具除了具有实用价值之外，还有着不可估量的艺术欣赏价值、文物价值、历史资料价值，其精美者，一杯一盏往往价值连城，尤以古代餐具为最。因此，对中国饮食器具的研究，实际上是对中国文化中一个极其重要的组成部分进行研究。烹饪美学的饮食器具研究，着重探讨饮食器具的实用与审美之间的关系。如能深入研究下去，将会给烹饪美学注入新鲜的血液。

中国饮食器具的历史发展，按时间先后和不同质料的生产工艺，大致可分为五个时期。

一、陶器时期

陶器，是人类最早使用的烹饪器具。陶器的出现，对人类历史的发展有着不可估量的意义。它一经产生，便成为人类日常生活中不可缺少的用具，促进了人类定居生活的形成，并加速了人类文化的发展。直到今天，陶器仍然广泛用于人们的生产和生活中。这里讲的陶器时期，仅取其狭义，即指我国陶器的产生、发展、盛行三个发展时期，在当时的烹饪器具中几乎只有陶制器具，而无其他材质制成的烹饪器具，所以它标志着新石器时代的开始。这一时期，我国陶器的造型和装饰艺术达到了极高的水平，它的美学原则在工艺美术生产中至今仍有着重要的借鉴价值。

中国新石器时代的陶器，按装饰手法和表面色彩，可分为彩陶、黑陶、红陶、灰陶、印纹陶等；按质地可分为泥质陶、夹砂陶、夹炭陶、细砂陶等。陶器经过几千年的不断改进、发展，形成了手制、模制和轮制等成型方法。彩陶通常是手制的，如图 6-1 所示。质地以细泥质的红陶为主，经过淘洗后陶土非常细腻，陶坯未干时用圆石卵把表里两面磨光，画上黑、紫、红、白色图案，有的还在彩绘前加一层陶衣,增强艺术效果。陶器在窑中烧成后,底部变成红色,表面现出黑色、深红色或紫黑色花纹,光滑美观。这种陶器既是生活用品,同时也是艺术欣赏品。图 6-2 为一组新石器时代陶器。

图 6-1　手制彩陶

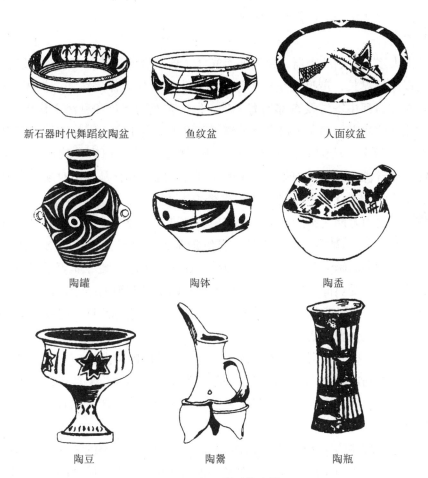

新石器时代舞蹈纹陶盆　　　鱼纹盆　　　人面纹盆

陶罐　　　陶钵　　　陶盂

陶豆　　　陶鬶　　　陶瓶

图 6-2　新石器时代陶器

1. 彩陶

彩陶是指新石器时代晚期的一种手制的用红、黑、白色绘饰且带有花纹的陶器。彩陶的分布地区很广，延续时间很长，其中以黄河上游仰韶文化的彩陶最为丰富。

仰韶文化的制陶工艺已经相当发达，设有专门的窑场，由妇女集体从事生产。器形样式繁多，作汲水、盛水用的有尖底瓶、葫芦形瓶等，作饮食用的有钵、碗、杯、豆等，作蒸煮食物用的有甑、灶、釜、罐、鼎等，作盛装储存用的有盆、罐、瓮等。此外，甘肃、青海的半山文化和马厂文化，长江流域的大溪文化，辽宁的红山文化，东部沿海的青莲岗文化和大汶口文化等都有彩陶。从新石器时代末期到青铜时代的齐家文化、辛店文化、卡约文化、寺洼文化以至铁器时代初期的沙井文化等，也都有一定数量的彩陶。

2. 黑陶

黑陶大多是轮制的陶器，色黑而有光泽，器壁极薄，装饰简朴，不以纹饰为重，而以造型见长，造型规整、单纯，富于直线变化，作风精巧、挺拔、朴素。黑陶分布在黄河中下游及东部沿海一带，以山东龙山文化和良渚文化出土最多。龙山文化是仰韶文化和大汶口文化的继承和发展，龙山文化因最初发现于山东历城龙山镇而得名。黑陶的分布地区比彩陶更广，山东、河南、陕西、山西、河北、江苏等省皆有发现。陶器制作中的轮制技术的出现，是龙山时期制陶工艺上的一大革命，随着陶轮的出现，不仅生产力大大提高，而且所制器皿厚薄均匀、造型规整。龙山时期陶窑的结构也比仰韶文化进步，最突出的是薄而光亮的黑色蛋壳陶的出现。黑陶的纹饰以绳纹和篮纹最常见，也有方格纹、划纹和镂孔纹等。除前一时期的碗、盆、罐、鼎和豆外，还发明了鬲、甗、斝等新品种。鬲的三个款足扩大了受热面，加快了炊煮的速度；甗是鬲和甑的结合，比鼎、甑蒸煮食物更方便。器物种类增多、结构复杂、更加适用和美观是这一时期器物造型的特点，它的典型代表是鬶。

综上所述，原始社会的陶器，约有以下三个共同的特点：

（1）原始陶器与生产、生活紧密关联。陶器制作是物质生产过程，既满足了当时人们物质生活的需要，也满足了人们的审美需要，生产者同时也是使用者和欣赏者。

（2）原始陶器的实用性与审美性是辩证统一的。如彩陶的装饰纹样都在陶器腹部以上，这正是由于原始人席地而坐，将陶器平放在地上俯视的结果；陶罐的小口是防止液体外流，大腹是为了在一定容积内取得最大容量；鬲的三个款足是为了加大受热面而制作的，后来却直接影响了青铜鼎的造型。

（3）原始陶器的装饰图案。不论是人物、动物、植物还是几何形和编织纹，都表现出淳厚、质朴的感情，具有原始时代的鲜明特点。而进入奴隶社会以后，装饰图案就明显地打上了阶级的烙印。

二、青铜器时期

青铜器时期的食器主要指烹饪食器，青铜器在中国饮食器具中显示了最高的艺术成就，成为当时中国饮食器具的代表。青铜器作为我国独具特色的传统文化艺术，其发展历史源远流长，并且经历了两个高峰，其中殷墟期的商代青铜器是中国古代青铜器发展史上的第一个高峰，春秋中期到战国中期是中国古代青铜器发展史上的第二个高峰。

从出土的青铜器看，饮食器具占据很大的比例。由于当时青铜铸造业全部被王室、贵族所占有，权贵们用合金做鼎以盛肉，做簋（或敦）以盛黍稷稻粱，做盘、匜以盛水，做爵、樽以盛酒。他们用这些合金制品"以蒸以尝""以食以享"，又演绎为权力的象征，从而大大发展、丰富了饮食器具。图6-3为一组青铜器具。

（1）夏：青铜器已从铸造简单的工具、兵器发展到铸造比较复杂的空体容器，出现了爵、觚等饮食器具。

（2）商：作为饮食器具出土的容器是薄胎。

（3）殷（商迁殷后）：作为饮食器皿出土的容器是厚胎。

（4）商代青铜器礼器是以酒器（觚、爵）为核心的，"重酒组合"，其美学风格崇尚华丽繁缛、雍容堂皇。作为饮食器具出土的食器有簋。酒器有觚、爵、斝、角、卣、壶、叠，水器有盘、番。

（5）西周：西周青铜器礼器是以食器（鼎、簋）为核心的"重食组合"。其美学风格渐趋简朴大方，定型化、程式化趋势明显。作为饮食器皿出土的食器除了上面提到的，还有簠、盘，水器有匜、觥、彝。

（6）春秋战国时期：青铜器的地方性显著加强，呈现多种风格争奇斗艳的新形式。北方表现为雄浑凝重，南方表现为秀丽清新。作为饮食器皿出土的青铜器有敦等。

（7）秦汉时期：青铜器形制多，崇尚实用，更趋向朴素轻巧的美学风格，过去的觚、爵、斝等饮食器皿被逐渐淘汰，取而代之的新品种、新造型大多是有利于实际生活需要的，同时也保留沿用了一批传统饮食器皿，如鼎、壶、盘、杯、豆等。其造型装饰在原有的基础上有所发展，因而具有新的风格特点。

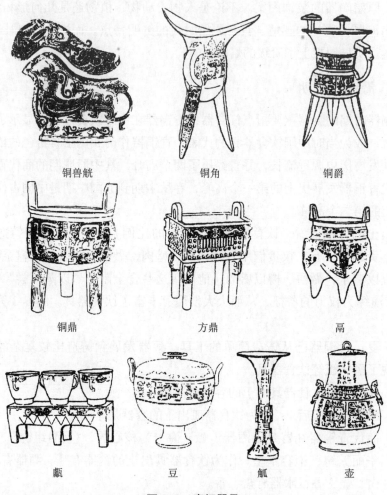

| 铜兽觥 | 铜角 | 铜爵 |

| 铜鼎 | 方鼎 | 鬲 |

| 甗 | 豆 | 觚 | 壶 |

图6-3　青铜器具

中国饮食器具进入青铜器时期的条件是：生产力发展，能够生产青铜器。进入青铜器时期后，中国饮食器具便由陶器时期的实用之美、质朴之美转变为狞厉之美、恐怖之美、神秘之美，其装饰纹样中最典型者便是"饕餮"纹样。对这种狞厉之美如何理解？一方面，我们要看到社会生产力发展的必然性，残酷性是历史进程中不可避免的甚至是必要的，但它又赋予历史文化崇高之美；另一方面，我们要看到中国古代劳动人民这种创造美的智慧和力量。

三、漆器时期

在人类历史上发展并使用天然漆，大概是中国人的独创了。漆器具有比青铜器、陶器优越得多的实用和审美方面的特点——轻便、耐用、防腐蚀等。漆器作为饮食器皿，早在六七千年前的河姆渡文化时期便已出现。此时就已制造了漆碗。到了春秋战国时期，作为饮食器皿的漆皿在许多生活领域逐渐取代了青铜器皿。后代出土的属于这个历史时期的饮食器皿，有豆、盘、杯、樽、壶等，具有简朴洗练的艺术风格。

漆器作为高级餐具（漆器不能作为炊具），流行于楚、汉、魏、晋时期的上层统治阶级日常生活之中，而以西汉为最。它的最早渊源可上溯到新石器时代，河姆渡文化出土的漆木碗已呈现出南方特有的优美风格。这种风格进一步发展，形成了战国楚文化的浪漫主义美学风格，成为中国漆器美学风貌的基础。在当时，漆器比金器、银器、铜器、铁器轻巧，又比珍珠、玉石、玛瑙易得，从而赢得了上层统治者的青睐并盛行一时。其造型和装饰秀丽典雅、精致堂皇，纹样飞动流畅，色泽光润平滑，典型的形制有耳杯、勺、羽觞、漆案等。秦汉时期的漆器崇尚典雅、淳朴、富丽、庄重的美学风格，比铜器贵重，一直被视为奢侈的表现。作为饮食器皿出土的漆器有耳杯（羽觞）、云纹漆案及杯盘等，如图6-4所示。

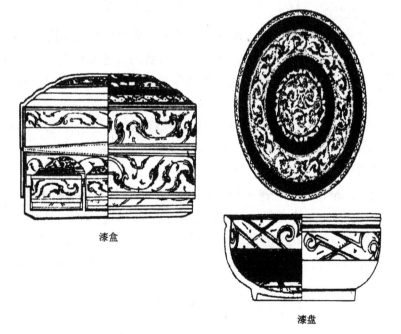

漆盒

漆盘

图6-4　饮食用的漆器

四、瓷器时期

我国瓷器工艺进入成熟阶段是在封建社会中期。瓷器胎质洁白坚硬，表面有一层润泽透明釉，音响清脆，断面具有不吸水性，坯胎用高岭土制作，经1300℃高温烧成。

瓷器是我国劳动人民的伟大创造。在世界文化史上占有重要地位。商周时代用高温烧成的原始瓷器已具有某些瓷器的特点。发展到汉晋，劳动人民经过长期的摸索实践，烧成了青瓷。青瓷的烧结度较高，胎骨坚硬、细致、紧密。气孔率和吸水率很低，叩之能够发出清脆的声音，具备了瓷器的基本特征。到隋代，白瓷的烧制已具有一定水平。白瓷的烧成在我国陶瓷史上有着重大价值，为后来彩绘瓷器的发展创造了良好的基础。

瓷器发明后，由于非常适用而成本又较低，原料分布较广，因而在很短的时间里得到了飞速发展，到唐宋时窑场已遍布全国。

从出土实物考察，至魏晋南北朝时期，青瓷已达成熟阶段。尤其是南北朝的青瓷器，典雅秀丽，温润柔和，器皿造型独具特色。既饱满浑厚，又端庄挺秀，有别于两汉，不同于唐末，突出表现了这一时期独特的时代风貌。青瓷上的常见装饰有压印花、附加堆纹和画花等。魏晋南北朝的青瓷对唐、五代盛极一时的越窑青瓷器有一定影响。

瓷器"至唐而始有窑名"。由于各地胎土、釉料、燃料不同，各窑烧造技术不同，因而造成的艺术风格也就不同，各有各的长处和特点。所以，我国从唐代开始。习惯上以窑名来代表瓷器的品种和特色，这种传统习惯一直延续到现代。

（1）唐瓷（如图6-5所示）。典型代表是以邢窑为代表的白瓷（一种胎色洁白、釉色白净的瓷器，具有素净莹润的特点）和以越窑为代表的青瓷（具有胎体细薄、釉色青绿光滑的特点）具有"南青北白"的显著特征，其风格给人以浑圆饱满的观感，精巧而有气魄，单纯而有变化。作为饮食器皿出土的瓷器有碗、盘、碟、壶、杯、盆、水盂、缸等。唐瓷胎质坚硬，釉色莹润，纯净如翠。唐代的著名窑场主要有南方的越窑和北方的邢窑。唐代青瓷以越窑的产品最负盛名，窑址在今浙江省余姚、绍兴和上虞一带。唐人陆羽在《茶经》中称赞越窑瓷器"类玉""类冰"。

图 6-5　唐瓷

（2）宋瓷（如图 6-6 所示）。宋瓷是中国瓷器的一个高峰，以其无比的秀雅灵动、亲切宜人的形美以及光润动人、韵致隽永的质美，在中国饮食器具发展史上放射出不灭的光华。它的第一大特点是色质之美，往往使人感到任何一点装饰手法都成蛇足。如，钧瓷那灿如晚霞、变化似行云流水的窑变色釉；汝窑那汁水莹润如堆脂的质感；景德镇窑那色质如玉的青白瓷；龙泉青瓷中翠绿晶润、堪称青瓷釉色之冠的梅子青；哥窑那布满断纹、有意制作的缺陷和瑕疵，黑瓷中诸如油滴、兔毫、鹧鸪斑、玳瑁之类的结晶釉和乳浊釉等，其色质之美至今仍令人叹为观止。宋瓷的第二大特点是造型之美，达到了审美和实用的高度统一，往往使人感到无须任何装饰，其形制本身已千姿百态、灵动秀雅、尽善尽美、耐人观赏。以壶为例，便有瓜棱壶、兽流壶、提梁壶、葫式壶、凤头壶等。宋瓷的第三大特点表现在磁州窑、耀州窑等民窑的装饰手法上，艺人运用写意笔法表现出活泼的花鸟虫鱼、人物山水及书法等，朴实豪放，大气磅礴。耀州窑长于刻花、印花，线条刚劲有力，活泼流畅。总的说来，宋瓷无论在宫廷还是在民间，皆以一种淡雅质朴之美令人神往，即便灿如云霞的钧瓷，也大异于唐三彩的华丽之风，而以一种天生丽质令人倾倒。

（3）元瓷（如图 6-7 所示）。元代在瓷器烧制方面的突出成就，是发明了青花和釉里红两个新品种。所谓青花，是以青色钴料绘制成清新典雅的图案，作为瓷器上的装饰，具有水墨画一样的效果，十分富有民族风格特色。此后，笔绘青花工艺便成为中国瓷器生产的主流。青花瓷的优点在于：一是着色力强，发色鲜艳，窑内气温对它影响较小，烧成范围较宽，呈色稳定；二是为釉下彩，永不褪色，无毒；三是原料为天然含钴矿物，我国出产丰富，亦可出口。此外，青花瓷还有实用美观的优点，这使它一经产生，便以旺盛的生命力迅速发展，深受国内外欢迎，为其他瓷窑任何品种所无法匹敌。其主要产地景德镇也迎来了空前的繁荣，青花瓷遂成为景德镇的主要产品，也成为元代以后我国的主要瓷器而畅销海外。

图 6-6 宋瓷

图 6-7 元瓷

（4）明瓷（如图 6-8 所示）。到明代，我国瓷器进入了以彩瓷为主的黄金时代。除正常生产青花、釉里红以外，又发明了五彩和斗彩，风格富丽堂皇，其装饰手法的最大特点是程式化程度很高。程式化的好处是易于达到最佳装饰效果，但随之而来的弊病是千篇一律、缺乏创新，这也成为清代瓷器在装饰方面陈陈相因的先导。

图6-8　明瓷

（5）清瓷（如图6-9所示）。清代瓷器装饰仍以彩瓷为主。发明了珐琅彩（又称景泰蓝，因利用早在明代景泰年间就产生的高级蓝色颜料来装饰瓷器而得名），即在瓷胎上掐上铜丝组成的图案，再填以珐琅蓝色，制成后精致辉煌，故又称瓷胎珐琅或掐丝珐琅，专供宫廷欣赏之用。清瓷中还有"白如玉，明如镜，声如磬，薄如纸"的瓷器，透剔精工的镂空转心瓶、转颈瓶以及仿木器、仿漆器的瓷器等，但皆无实用价值，而且有失瓷器工艺的特点，舍长而就短，虽生产工艺登峰造极，但阻碍了艺术上的发展，是中国饮食器具发展的末流。值得称道的是玲珑瓷的出现，即先在胎体上镂孔，再用釉填平后烧成，孔部呈半透明体，寓变化于统一之中，美观而又大方。

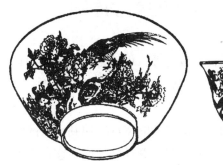

图6-9　清瓷

五、现代中国餐具的发展方向

中国古代餐具经历了陶器时代、青铜器时代、漆器时代、瓷器时代等不同的历史阶段，其共同的发展规律是实用、卫生、方便、经济、美观。不符合实用、卫生要求的餐具是没有前途的。青铜器之所以退出历史舞台，重要原因之一是它不能盛装酸性食物，也不宜盛酒过夜；漆器之所以不能在餐桌上占主要地位，也是因为卫生问题。

现代中国餐具在仍以瓷器为主的同时，进入了百花齐放时期，将来，中国餐具必将进入科学与艺术结合得更加巧妙的新阶段。与古代相比，现代餐具比较明显的变化表现在两方面：第一，是造型和装饰的现代化。由于中外文化频繁交流，西方文化对中国产生了一定的影响。在"古为今用，洋为中用"的思想指导下，西方装饰手法的长处被融进中国传统工艺中，形成了符合现代人审美心理的美学风格，呈现出更为丰富多彩的面貌。就日用餐具的美学风貌而言，现代餐具比明清之际的餐具清雅、简洁，在装饰内容和题材方面也赋予了鲜明的时代特色。第二，是材料的现代化，在以陶瓷为主的同时，现代餐具广泛采用了其他原料。而在饮食习惯上，中国人有时也用刀、叉，也喝咖啡等，这一趋势是中外文化交流的必然，也是现代中国餐具的发展方向。

中国瓷器几乎集中了中国餐具的全部优点：精美、轻便、卫生、原料丰富易得；粗瓷易于普及，价廉而物美；精瓷可以在装饰上无限地做文章，以至价值连城。它自诞生以来，便迅速取得了统治地位，在中国饮馔史上雄霸 2000 年而至今不衰。正因为如此，中国宴饮器具美学的研究，应以瓷器为重点。

第二节　饮食器具的美学原则

除少数专供欣赏、随葬的烹饪饮食器具之外，中国传统的饮食器具都是为实用而制作。因此，它的形式美必须服从实用，使审美紧密结合实用，并为实用服务，这是中国饮食器具的美学原则。

从饮食器具的演进历程看，它经历了由起初的注重实用到后来的实用兼顾美观的发展过程。作为一种社会文化的象征，饮食器具已经成为饮食业不可缺少的具有实用功能的装饰陈设品，出现在酒店的餐桌上，每时每刻将美传达给人们。

一、饮食器具的实用与审美特征

现代饮食器具具有鲜明的特质，它属于设计文化与饮食文化结合而成的一种新的文化现象，有着特定的功利属性。现代饮食器具的造型形式、加工手段、材料运用必须满足现代人使用的要求；同时，还要适应人们的审美习惯，因此形成了独立的审美特征。其主要表现在以下几个方面：

（一）材质美

科学技术的发展，为饮食器具开拓了广阔的前景。运用现代工艺技术、新材料，人们制作出了花色品种繁多的现代饮食器具，如水晶玻璃、搪瓷、塑料、金属等饮食器皿，构成了饮食器具丰富多彩的艺术风格，其发展逐步趋向标准化、通用化。

饮食器具在我国有着丰富遗产和优良传统。随着社会主义经济的不断发展、人民生活水平的不断提高，人们的审美情趣也发生了改变，从而出现了能反映现代风尚的多种多样的饮食器具。它们无论在造型设计意识还是在装饰风格方面，都已适应了现代社会人们的审美要求。如追求富丽堂皇风格的仿金、仿银饮食器具，追求简朴大方风格的不锈钢饮食器具等。饮食器皿在传统的基础上有了很大发展，呈现出了现代饮食器皿的繁荣景象，可以说它们是劳动人民智慧创造的结晶。

（二）功能美

现代人的审美要求在不断提高，要求在使用饮食器具的同时获得美的享受。现代饮食器具表现出了高度的审美功能与明确的使用功能的完美结合，注意加强了对造型现代意识的设计处理，并力求通过运用美学和实践相结合的原则，增强其造型的生动感，达到良好的功能性和艺术美感的和谐统一，这也是现代饮食器具的一个发展方向。

二、处理好多样统一关系

发挥餐具之美，应在使用餐具时处理好以下几方面的多样统一关系：

（一）餐具与餐具的多样统一

餐具有碗、碟、匙、筷、盆、盘等，实际上已十分"多样"了，因此，关键问题是如何达到"统一"。如果在同一桌筵席中，粗瓷与精瓷混用，石湾彩瓷和景德镇青花瓷夹杂，玻璃器皿和金属器皿交错，寿字竹筷和双喜牙筷并举，围碟的规格大小不一、必然会使人感到整个筵席杂乱无章，凌乱不堪。这种情况在中等档次以下饭店的筵席中常常出现，即使是高档筵席，稍不注意，也会出错。因此，在使用餐具时，应尽量成套组合；也就是说，在购置餐具时就要注意一套一套地买，而不要一件一件地买。如果因破损、遗失或其他原因不能成套组合而必须用其他器具品种代替时，也应当尽量选用美学风格一致的器具，而且应在组合的布局上力求统一。例如，有一套青花餐具中原有 12 把汤匙。损坏了 2 把，最好不要用富丽堂皇的粉彩代替，可用别的青花瓷或白瓷、玲珑瓷等清淡风格的汤匙代替；或将 12 把汤匙全部换成统一规格的另一种汤匙；或将其中 6 把换掉，以两个品种相间排列，求得统一美的效果。如果需要增加一个铜火锅，最好选一个雕刻花纹简练典雅的火锅，并将火锅置于餐桌正中，使其成为"鹤立鸡群"的重点餐具。这样不但不破坏整体的统一，反而会使整体效果更佳。

（二）餐具与环境气氛的统一

餐具与家具、室内装饰等在美学风格上也应讲求统一。如在完全现代化的餐厅内，用古色古香的餐具就不太协调，在清淡幽雅的餐厅中用富丽堂皇的粉彩餐具也不太恰当，在庄重的国宴上用粉彩仕女图装饰的餐具就显得小气、不够严肃。诸如此类的问题，都应避免。

（三）餐具与人的统一

这里所谓的人，包括服务人员和进餐人员。餐具的美学风格应尽量与服务人员的服饰风格相一致，并与进餐人员的审美修养相契合。

第三节 菜肴造型与盛器的选择

菜肴盛器，指烹调过程的最后一道工序——装盘所用之盘、碟、碗等器皿。

俗话说"红花还需绿叶配"，菜肴也一样，也需要有适当的餐具来陪衬，使内在美和外在形式美达到完美统一，在满足人们食欲的同时给人以美感。

一般来说，餐具上的菜盘具有双重功能，一是使用功能，二是审美功能。盛器和菜肴恰到好处的组合能为菜肴的形式锦上添花，使菜肴显得古朴典雅、鲜艳明快，而且还可烘托筵席气氛，调节顾客的宴前情绪，刺激食欲。

一、盛器的种类

盛器的种类很多，从质地上可分为瓷器、银器、紫砂陶、漆器、玻璃器皿等；从外形上可分为圆形、椭圆形、多边形、象形；从色彩上可分为暖色调和冷色调；从盛器装饰图案的表现手法又可分为具象写实图案和抽象几何图案。

中国餐饮文化历来讲究美食配美器。一道精美的菜点，如能盛放在与之相得益彰的盛器中，则更能展现出菜点的色、香、味、形、意。盛器本身也是一件工艺品，具备审美的价值，如选用得当，不但能起到衬托菜点的作用，还能让顾客得到另外一种视觉艺术的享受。当今餐饮行业竞争激烈，餐饮业的经营者除了在菜点的品种上翻新改良，在质量上更注重色、香、味、形到位外，在盛器的运用上也同样应不断变化。饭店、宾馆里用的盛器基本都以白瓷盘为主，加上象形盘以示新意。如今使用的餐具变化多样，有仿日式的异形盘、土俗的陶制品、乡土气息的竹木藤器以及异国情调的金属、玻璃器皿等，可见饮食器具的使用与发展已到了一个百花齐放的崭新时代。但是，饭店的经营者与厨师一般是凭自己的感觉去选用盛器，或是市面上流行什么器具就用什么器具，使用的效果并不理想。要选用一个能表达出筵席主题的器具，就必须根据烹饪美学的原理与餐饮的特性来决定。

（一）单色盘

单色盘是指那些色彩单纯，又无明显图饰的瓷盘，如白色盘、红色盘、蓝色盘、绿色盘以及透明的玻璃盘和黑亮的漆器盘。此类盘烘托菜肴的功能突出，具有较强的感染力。其中，白色盘是使用得最多的一种，它具有高洁、清淡和雅致的美感特征。选用此类盘的方法比较简单，一般只要保证菜肴与盘子的色调统一，就可大胆构思、造型。如果所选用的盛器与菜肴色泽属于同类色或类似形，菜肴会显得和谐统一、明快大方；如果所选用的盛器与菜肴色泽构成对比关系，则菜肴显得突出鲜明、瑰丽诱人。

在选用单色盛器时，如果一味地追求盛器与菜肴的统一或对比，往往会造成色彩的单调、呆板。因此，菜肴与盛器之间应遵循"调和中求对比，对比中求调和"这一原则。如图6-10所示，"菜心虾仁"一菜选用了一只钴蓝色盘，由于淡黄色的虾仁与钴蓝色的盛器成对比关系，难以调和，颇具匠心的制作者用10棵小青菜心将虾仁围边成圈，菜肴顿然生辉，分外风雅。

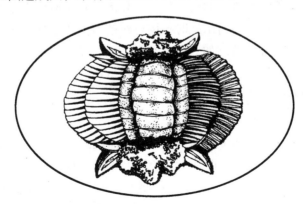

图6-10　单色盘

（二）几何形纹饰盘

此类盘一般以圆形、椭圆形、多边形为主，盘中的装饰纹样多沿着盘边四周均匀、对称地展开，有强烈的稳定感；纹饰的主图案排列整齐，环形分布，又有一种特殊的曲线美、节奏美、对称美；而且盛器的纹饰五彩斑斓，美不胜收。几何形纹饰盘中，以青花瓷纹最为常见，如图 6-11 所示。

图 6-11　几何形纹饰盘

使用圆形、椭圆形瓷盘的关键是要紧扣"环形图案"这一显著特征，可依菜择盘，也可因盘设菜。也就是说，可依据菜肴的色彩、造型和寓意来选择、使用瓷盘，也可根据瓷盘的纹饰、色彩和寓意来构思设计菜肴的造型、色彩和意境，力争使菜肴和盘饰的色彩和形状达到统一、和谐。几何形纹饰盘盘面上的纹饰图案一般都比较完美，在与菜肴组配时不用再花精力去雕花刻草、过分点缀，可直接利用盘饰图案来装饰菜肴。如"水磨丝""大煮干丝""宫爆鸡丁"等这类自然装盘的菜肴，选择环形纹饰的瓷盘，可使菜肴与盘饰的形式、色彩浑然一体，巧妙自然，统一而富于变化。

（三）象形盘

此类盛器是在模仿自然形象的基础上设计而成的，以仿植物形、动物形、器物形为主。一般常用花朵形、叶片形、鱼形、蟹形、鸳鸯形、孔雀形、牛形、贝壳形、船形等形式。如图 6-12 所示。这些形态不一的盛器使筵席趣味横生，生机盎然。

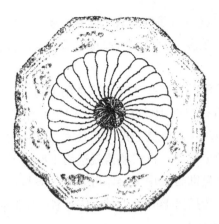

图 6-12　象形盘

　　使用象形盛器时，要充分利用象形图案的特点，在与菜肴组配时要注意菜肴与盛器形式的统一。也就是说，仿鱼形的盛器应配上烹制的鱼类菜肴，仿牛形的盛器应配上烹制的牛肉类菜肴，贝壳形的盛器应配上烹制的鲜贝、虾仁，仿叶片形的盛器应配上烹制的各类素菜等，使内容和形式完美统一。但是，在使用这类象形盛器时，还必须防止因追求局部的完美而影响整体盛器的统一美。

二、盛器的选择

　　不同质地、形态、色彩和图案的盛器有着不同的审美效果。菜肴与盛器具体配合时的情况也十分复杂，形态有别、色彩各异、图案不同的盛器与同一菜肴组配，会产生迥然不同的视觉效果；反之，同一盛器与色、形不同的菜肴相配，也会产生不同的审美印象。

（一）盛器大小的选择

　　盛器大小的选择是根据菜点品种、内容、原料的多少和就餐人数来决定的。一般大盛器的直径可在 50 厘米以上，冷餐会用的镜面盆甚至超过了 80 厘米；小盛器的直径只有 5 厘米左右，如调味碟等。大盛器自然盛装的食品多，可表现的内容也较丰富；小盛器盛装的食品自然也少些，表现的内容也有限。因此，要想表现一个题材和内容丰富的菜点，就应选用直径 40 厘米以上盛器。例如，表现山水风景造型的花色冷拼"桂林山水风光"和工艺热菜"双龙戏珠"，在盛器的选择上就要充分考虑盘面的空间，造型时才能将景点中的象鼻山、漓江等风光和双龙威武腾飞的气势充分地展现出来。在处理整只烤鸭、烤乳猪、烤全羊、澳洲龙虾等大型原料时，必须选用与菜肴相适应的盛器，这样才能充分展现原料自然美的形态特色，并配上点缀的辅料，增加菜肴的视觉美感。在举办大中型冷餐会和自助餐时，由于客人较多，又是同时取食，为了保证食物的供应，也必须选用大型的盛器。

一般厨师在表现精湛的刀工技艺时，可选用小的盛器。如食品展台上的蝴蝶花色小冷碟，盛器的直径只有 10 厘米左右，但里面用多种冷菜原料制成的蝴蝶造型栩栩如生，充分体现了厨师高超的刀工技术与精巧的艺术构思。此外，就餐人数少，食用的原料量也就少，自然盛器就选用小型的了。

在宴会、美食节及自助餐采用大盛器可表现气势与容量，而小盛器则体现了精致与灵巧，因此，在选择盛器的大小时，应与餐饮实际情况相结合。

（二）盛器造型的选择

盛器的造型可分为几何形和象形两大类。几何形的盛器一般多为圆形和椭圆形，是饭店、酒家日常使用得最多的盛器。另外，还有方形、长方形和扇形的盛器，这是近年来使用得较多的盛器。象形盛器的造型可分为动物造型、植物造型、器物造型和人物造型。动物造型，有鱼、虾、蟹和贝壳等水生动物造型；有鸡、鸭、鹅、鸳鸯等禽类动物造型；有牛等兽类动物造型和龟、鳖等爬行动物造型；还有蝴蝶等昆虫造型和龙、凤等吉祥动物造型。植物造型，有树叶、竹子、蔬菜、水果和花卉造型。器物造型，有扇子、篮子、坛子、建筑物等造型。福建名菜"佛跳墙"使用的紫砂盛器，便属于人物造型，盛器的盖子上有一个生动有趣的和尚头像。另外，利用民间传说中的八仙造型的宜兴紫砂八仙盅等，也属于人物造型。

盛器造型的主要功能，就是点明筵席与菜点的主题，以引起顾客的联想，提高顾客的品尝兴致，达到渲染筵席气氛的目的，进而增进顾客的食欲。因此，在选择盛器造型时，应根据菜点与筵席主题的要求来决定。如将"糟熘鱼片"盛放在造型为鱼的象形盆里，鱼就是这道菜的主题，虽然鱼的形状看不出了，但鱼形盛器将此菜是以鱼为原料烹制的主题显示了出来。再如将"蟹粉豆腐"盛放在蟹形盛器中，将虾胶制成的菜肴盛放在虾形盛器中，将蔬菜盛放在大白菜形盛器中，将水果甜羹盛放在苹果盅里等，都是利用盛器的造型来点明菜点主题的典型例子。在喜庆宴会上，如果将菜肴"年年有余"（松仁鱼米）盛装在用椰壳制成的粮仓形的盛器中，则能表达筵席主人盼望在来年再有个好收成的愿望。在寿宴中，如用桃形小碟盛装冷菜、用桃形盅盛放汤羹或甜品等，则这些桃形盛器能很好地点出"寿"这个筵席主题，从而渲染筵席的贺寿气氛。再如，在"八仙宴"中选用以八仙人物造型的盛器来盛装菜点，就能将"八仙"这个主题突显出来。

　　盛器造型还能起到分割和集中的作用。如果想让一道菜肴给客人有多种品尝的口味，就应选用多格的调味碟。如"龙虾刺身""脆皮银鱼"等，可在多格调味碟中放上芥末、酱油、番茄汁、椒盐、辣椒酱等不同口味的调料供客人选用。当我们把一道菜肴制成多种口味，而又不能让它们相互串味时，可选用分格型盛器。如将"太极鸳鸯虾仁"一菜盛放在太极造型的双格盆里，既能防止串味，又能美化菜肴的造型。有时为了节省空间，会选用组合型的盛器，如"双龙戏珠"组合型紫砂冷菜盆。这样便可将分散摆放的冷碟集中起来，既节省了空间，又美化了桌面。

　　总之，菜点盛器造型的选择是要根据菜点本身的原料特征、烹饪方法以及菜点与筵席的主题等来决定。

（三）盛器材质的选择

　　盛器的材质种类繁多，有华贵锃亮的金器银器，古朴沉稳的铜器铁器，光亮照人的不锈钢器，散发着乡土气息的竹木藤器，粗拙豪放的石器和陶器，精雕细琢的玉器，精美的瓷器，古雅的漆器，晶莹剔透的玻璃器皿，还有塑料盛器、搪瓷盛器和纸质盛器等。盛器的各种材质的特征都具有一定的象征意义，如金器银器象征荣华与富贵，瓷器象征高雅与华丽，紫砂、漆器象征古典与传统，玻璃、水晶象征浪漫与温馨，铁器、粗陶象征豪放，竹木、石器象征乡情与古朴，纸质与塑料象征廉价与方便，搪瓷、不锈钢象征清洁与卫生等。

　　设计仿古筵席时，除了要选用与那个年代相配的盛器外，还要讲究材质的选择。如"红楼宴"与"满汉全席"的时代背景虽然都是在清朝，但前者是官府的家宴，而后者是宫廷筵席。"红楼宴"盛器材质的选择相对要容易些，金器银器、高档瓷器、漆器陶器等，只要式样花纹符合那个年代的风格即可使用。而"满汉全席"在盛器材质的选择上相对要严格些，盛器不论是真品还是仿制品，都必须符合当时皇宫规定的规格与式样。设计中国传统的筵席——药膳时，盛器可选用江苏宜兴的紫砂陶器，因为紫砂陶器是中国特有的，这就能将药膳的地域文化背景烘托出来。在设计地方特色筵席——农家宴、太湖渔家宴、东北山珍宴等时，可选用竹器、木器、藤器以及家用陶器、砂锅、瓦罐等，以体现出当地的民俗文化，使筵席充满浓浓的乡土气息。在选择盛器的材质时，有时还要考虑客人的身份地位和兴趣爱好。如客人需要讲排场而有一定消费能力的，可以选用金器银器，以显示他们的富有和气派；如客人是文化人，则可选用紫砂、漆器、玉器或精致的瓷器，以体现他们的儒雅和气质；如客人是情侣，则可选用玻璃器皿，让情侣们更增添一份浪漫的情调。

此外，盛器材质的选择还要结合餐饮企业本身的市场定位与经济实力来决定。例如，定位高层次的餐饮企业可选择以金器银器和高档瓷器为主的盛器，定位中低层次的餐饮企业可选择以普通的陶瓷器为主的盛器，定位特色风味的餐饮企业要根据经营内容来选择与之相配的特色盛器，烧烤风味的餐饮企业可选用以铸铁与石头为主的盛器，傣家风味的餐饮企业可选用以竹子为主的盛器等。

总之，在选择盛器的材质时，只有结合筵席的主题与背景，选用与之相配的材质制作的盛器，才能取得良好的效果。但无论选择哪种材质制成的盛器，都必须符合食品卫生的标准与要求。

（四）盛器其他方面的选择

盛器的选择，还包括对颜色与花纹的选择和对功能的选择等。盛器的颜色对菜点的影响也是很大的。一道绿色蔬菜盛放在白色盛器中，会给人一种碧绿鲜嫩的感觉，而如果盛放在绿色的盛器中，感觉就平淡多了。一道金黄色的软炸鱼排或雪白的珍珠鱼米（搭配枸杞）放在黑色的盛器中，在强烈的色彩对比烘托下，会使人感觉到鱼排更色香诱人，鱼米更晶莹透亮，食欲也为之而提高。有一些盛器饰有各色各样的花边与底纹，如运用得当，也能起到烘托菜点的作用。某次中国烹饪代表团赴卢森堡参加世界杯烹饪大赛时，参赛者选用了一套镶有景泰蓝花边的白色盛器，这套高雅精致的盛器体现了中国瓷器的风格，菜肴显得更加漂亮诱人，获得了良好的效果。

盛器功能的选择，主要是根据宴会与菜点的要求来决定的。在大型宴会中，为了保证热菜的质量，就要选择具有保温功能的盛器。有的菜点需要低温保鲜，则需选择能盛放冰块而不影响菜点盛放的盛器。在冬季，为了提高客人的食用兴趣，还要选择安全的、能够边煮边吃的盛器。

综上所述，在制作一道菜点和一桌筵席时，除了要在菜点本身的制作上下功夫外，在选择所使用的盛器上，还必须根据菜点和筵席的主题以及举办者与参加者的身份等要求，对盛器的大小、造型、材质、颜色、功能等进行精心的选择，从而使菜点和筵席的色、香、味、形、器、意充分地展现出来。这样的筵席必然会受顾客的欢迎而获得成功。

当然，选择盛器时除了必须考虑菜肴的造型和色彩之外，还应考虑相邻菜肴的色彩、造型和用盘的情况，以及桌布的色彩等具体环境的需要。总之，发挥盛器之美，应处理好盛器与盛器的多样统一、盛器与菜肴的多样统一、盛器与环境气氛的统一、盛器与人的统一。

第四节 饮食器具的造型分类

　　饮食器具，包括酒具、茶具、咖啡具和食具。酒、茶、咖啡，在日本称为嗜好饮食；其中，酒、茶是中国传统的嗜好饮食；而咖啡源于非洲，后传入世界各国，在中国尚未普及。从生理、心理角度去分析，酒往往与潇洒有关，茶则与清逸有缘，咖啡偏于热烈兴奋。这三者虽也有养生作用，但人们一般主要不把它作为养生饮食看待，大多数是为了满足嗜好、追求一种情趣，因此，酒具、茶具、咖啡具与美学的关系尤为密切。饮食器具造型艺术美必须适应宴饮的习俗和顾客的生理、心理要求。如酒杯形制小，乃因酒性烈，多饮则醉之故。茶性平和，故茶杯一般大于酒杯，但又不能过大，因过大不易散热，茶叶易被烫熟而影响品味。宋代以前，人们用双手捧碗喝茶，其茶碗形状与后来的茶杯不同，形状近似于饭碗，但因碗壁弧度很小，盛茶量自然少些，既便于捧饮，又便于散热。饮食器具的装饰，必须易于视觉器官的接受，如碗、壶、杯等，器壁较高，皆装饰外部；而盘、碟等，器壁较低，皆装饰内部。器皿底部不做装饰，只做落款署名之用。器形与手、口接触的部位尤须光滑，以保证宴饮时触觉感官的舒适。这一切都充分体现了实用和审美相结合的原则。

一、酒具

　　我国约在夏代便已发明了酒。酒可以舒筋活血，可以使人兴奋、激动，还可以使人麻醉、昏迷、失常。因此，酒自诞生之日起，就有着它特殊的功用：隆重、喜庆的场面必以酒助兴，愤激、悲壮的场面则以酒解忧，达官贵人以酒炫耀富贵，文人骚客以酒寄托高逸之情……可见酒既有积极的一面，又有消极的一面。消极、积极皆由人去掌握，人美则酒美。从以上所举饮酒的各种心理要求看，酒具的装饰应以潇洒为基调，同时又要丰富多彩。例如，大杯饮黄酒和红酒特别符合外国人的习惯，小杯饮白酒则在中国尤为盛行。但中国北方民间常以大碗喝酒，而且不讲究菜肴，这正是北方劳动人民豪爽性格的自然流露；高足响杯，用于宴会，碰杯声清脆悦耳，能增添欢愉的气氛。青铜酒器，在古代用于祭祀，颇具庄严神圣的气氛。《红楼梦》中描写的竹根套杯和黄杨木雕套杯，每套10个，由大到小，可依次套进最大的一个杯中。杯上雕刻着绘画书法，是上好的观赏性工艺酒具。国外酒杯形制远比中国烦琐，但其美学原则却是一致的。

即根据酒的品种特性和饮酒者的生理、心理要求来确定酒杯的大小和形状，主要分为白酒杯（小型）、红酒杯（中型）、啤酒杯（大型）三种；红酒杯，还可以分为香槟酒杯、白兰地酒杯、巴德酒杯、雪利酒杯、鸡尾酒杯、柠檬威士忌酒杯（又称酸味酒杯）等。中国酒杯形制虽不十分复杂，但也有汉酒杯、吹令酒杯、大令酒杯、二令酒杯、虎酒杯、云南酒杯、石榴酒杯、玉兰酒杯等之分，小的可装 4 钱酒（如汉酒杯），大的可装 9 钱酒（如虎酒杯）。总之，每种酒杯的大小和形制都有着一定的美的形式和风格，在特定的筵席选用恰当的酒具，必然对宴饮的美感愉悦起到重要的辅助作用。

从出土文物看，中国商周时代的青铜酒器在功用上已相当完善，有盛酒器、温酒器、饮酒器，还有自动汲酒器等，十分齐备。直到今天，酒具的材料和形制虽有递变，而基本体系不出商周范围。从时代风格上讲，商周酒器充满恐怖神圣气氛，战国以后开始追求富丽堂皇，宋代趋于清淡朴实，明清趋于富丽繁缛。现代酒具造型趋于简洁明快，以瓷器和玻璃器最为盛行，十分符合现代人的审美心理。但有些酒具装饰故意猎奇，反而不美。

此外，我国有许多名酒，各种酒瓶装潢也具有美学价值，或古朴典雅，或精致堂皇，或小巧玲珑，或清秀大方，此处不再一一列举。

二、茶具

我国是茶的故乡，饮茶的习俗至少已有三四千年历史。茶能提神益思、生津止渴、杀菌消炎、减肥健美，因而饮茶逐渐成为一种高雅的嗜好。无论中国与外国，不仅有以茶为主的茶宴、茶话会、茶馆、茶室、茶楼，而且一切宴会几乎都离不开茶。宴前品茶可以清口润喉，有利于品尝菜肴；宴后饮茶可以消食除腻，解酒清神。日本人在向中国学得饮茶之法以后，加上自己的创造，形成了一套"茶道"。所谓茶道，实集饮茶之礼节、仪式、风俗、习惯和科学方法之大成，其中充满了形式美、伦理美的规律。如 1586 年，千利休被任命为茶道高僧后，总结出茶道的基本精神为"和、敬、清、寂"四字，主张和睦友好、尊老爱幼、闲寂幽雅，这无疑是追求一种美的精神境界，而这种精神境界又是通过一整套美的形式来体现的。在这一整套美的形式中，茶具占据了很大的比重。

我国茶具历史悠久，品种繁多，工艺精湛，金、银、铜、锡、玉、水晶、玛瑙皆可为之。最著名的有景德镇白瓷茶具、浙江青瓷茶具、宜兴紫砂茶具等，尤以宜兴紫砂茶具为最。

景德镇白瓷茶具，与其他白瓷器皿一样，素以"白如玉、声如磬、明如镜"

著称，用这种茶具泡茶，无论是红茶还是绿茶，对汤色都能起很好的衬托作用，而且白玉似的色泽和优美的造型也能给人以恬静之感。

浙江青瓷茶具，造型古朴、优雅，瓷质坚硬细腻，釉层丰富，色泽青莹柔和。早在唐代，陆羽就在《茶经》中对它给予了很高的评价："碗，越州上，鼎州次，婺州次，岳州次……"他称越瓷（即浙江青瓷）"类玉""类冰""瓷青而茶色绿""青则益茶"，而其他产区的瓷茶具皆不如越瓷，"悉不宜茶"。

宜兴紫砂茶具，造型简练大方，色调淳朴古雅，泡茶不走味，贮茶不变色，盛暑不易馊，且年代越久，色泽越加光润古雅，泡出的茶汤也越加醇郁芳馨。因此，寸柄之壶，盈握之杯，常被视若珍宝。紫砂茶具中，又以茶壶最为名贵。明朝正德年间，宜兴女子供春（又名龚春）创作的稀世工艺美术杰作"供春壶"，造型新颖精巧、温雅天真，质地薄而坚实，当时即有"供春之壶，胜于金玉"之称，现有一把藏于中国国家博物馆。更早的名贵茶壶，还有传为苏东坡亲手制作的东坡壶。

此外，福州脱胎漆器茶具、广彩瓷器茶具等也各具特色。

现代茶具还以玻璃、搪瓷、塑料为原料，而且应用十分普及。

选用茶具，除考虑主导倾向之平和清雅外，还应同时注意因地而异、因时而异、因人而异、因茶而异。如，东北一带多用较大的瓷壶泡茶，然后斟入茶盅饮用；江浙一带除多用紫砂壶斟饮外，还习惯用有盖瓷杯直接泡饮；四川一带往往喜用瓷制的"盖碗杯"，即上有盖、下有托的小茶碗。各类茶杯中，陶瓷为佳，玻璃次之，搪瓷较差。瓷器传热不快，保温适中，不会发生任何化学反应，沏茶能获得较好的色、香、味，而且一般造型美观、装饰精巧，具有艺术欣赏价值，但缺点是不透明，难以观赏茶色。陶器造型雅致，色泽古朴，茶味醇郁，茶色澄洁，加之隔夜不馊，为茶具之珍，但其缺点与瓷器一样，不易直接观赏茶色。用玻璃茶具泡名茶（如碧螺春、龙井等），杯中轻雾缥缈，澄澈碧清，芽叶朵朵，亭亭玉立，观之赏心悦目，别有风趣，但不及陶瓷茶具高古雅致。搪瓷茶具，美学价值最低，但经久耐用，仍很普及，故选用茶具不能一概而论。从饮者出发，老年人和重品味者，可选用陶瓷茶具，重欣赏名茶者可用玻璃茶具，而在车间工地饮茶则可用搪瓷茶具。从茶的品类出发，普通红茶和绿茶，各种茶具皆宜，绿茶中的高级茶和名茶以选用玻璃茶具为好，以方便观赏；各种花茶及乌龙茶，以选用有盖瓷杯和陶制茶壶为上，防止清香逸失。选用茶具，宜小不宜大，大则水多热量大，冲泡细嫩茶叶易烫熟，从而影响口味。今人有用保温杯泡茶者，饮茶之外行也。保温杯的保温性能虽好，但易将茶叶泡熟，使叶色变黄、味涩、香低，实不符合科学性和审美性。此外，宴会选用茶具时应根据宴会的整体美学风格进行配套使用，以烘托主题。

三、食具

食具是饮食器具中的大宗，比酒具、茶具更为重要。作为筵席，酒、茶往往为辅，而以菜肴为主。从功用看：酒、茶是嗜好饮食，酒具、茶具对于不具备这种嗜好的人便显得无足轻重。而食具对于任何人都是必需品。因此，食具的美丑对人们的饮食生活更为重要。

对于食具的美学风格特色，可以从食具与嗜好饮食器具的区别着手研究。食具的一大特点是使用率高。例如，酒一般用于较为重要的进餐场合，而吃饭却无所谓重要不重要，一日三餐，非吃不可。酒，大多数人没有"瘾"，而吃饭却无所谓"瘾"，人人都得吃。对酒的嗜好，男人多于女人，中老年多于青少年，而吃饭则男女老少一概皆然。随着各种不同的进餐场合的出现，食具的美学风格之变化将更为丰富多彩。

日常饮食生活中，食具如能给人以平静舒适感，则可谓之上品。传统的中国食具之美皆以此为标准。如碗的圈底可避免端时烫手；碗的直口可使进食时顺流而下、畅通无阻；筷的造型不及西方的刀、叉、签、夹那样种类繁多，但以一当十、使用方便，又独具修长灵动之美。汤匙的造型当然也应以便于舀汤为美。盘和碟的低矮原非为了排列于汤碗周围，加强对比，使之具有形式感，而是用来盛放汤汁较少或无汤汁的菜肴，便于进餐者俯视盘中菜肴，随意取食。

食具的图案装饰首先必须符合视觉舒适的要求，盘壁低而饰其内，碗壁高而饰其外，都是服从于视觉观赏的方便。其次，图案和色彩都必须有利于增进食欲。粉彩瓷器的富贵气可增加进餐者的自豪感，青白瓷的明洁可增加进餐者的卫生感、雅致感、平静感，广彩瓷器的五光十色可增加进餐时的运动感。这些装饰各有不同的刺激作用，选用时应根据具体情况，灵活合理地运用。

进餐场面的美学风格多种多样，食具的美学风格也应当多种多样。选用特定的餐具，为特定的进餐场面服务，这是中国饮馔史上的传统。明清宫廷筵席喜用金碧辉煌的餐具，以"万寿无疆"作为粉彩瓷器餐具的图案装饰。《红楼梦》中，大摆筵席时用金筷，家常便饭用银筷。而在民间，多用朴实大方或图案装饰较为豪放的食具。一般筵席宜用成套食具，以取得美学风格的协调，一般饮食宜用色彩淡雅的食具。造型精美的菜肴可用图案装饰简洁而质地优良的食具加以衬托，造型简单的菜肴有时也可用一些装饰繁复的食具加以衬托。总之，食具的选择和配套是一门艺术性和技术性较强的学问。清代文人袁枚在《随园食单》中说："美食不如美器，斯语是也。然宜、成、嘉、万窑器太贵。颇愁伤损，不如竟用御窑，已觉雅丽。惟是宜碗者碗，宜盘者盘，宜大者大，宜小者小，参错其间，方觉生色，若板板于十碗八盘之说，便嫌笨俗。大抵物贵者器宜大，物贱者器宜小；煎炒宜盘，汤羹宜碗；煎炒宜铁锅，煨煮宜砂罐。"这段话充满了食具美学的辩证法。他既强调了食具的重要性："美食不如美器"，又强调了美器为人服务的原则，倘若使用太贵重的食具，用时唯恐损坏，小心翼翼，拘束过甚，反为不美，故只须雅丽适用即可。同时，食具的选用还应"因菜制宜"，使食具与菜肴相辅相成、相得益彰，并且多种多样、参差成趣。直至今天，这些原则仍有十分重要的借鉴价值。

此外，在高档的筵席中，应充分注意食具与餐厅的美学风格以及宴会主题的一致性，以形成美的整体。

现代中国食具仍以瓷器为主，著名的瓷器产地有景德镇、唐山、醴陵、淄博、石湾等地，品种多样。了解各地瓷器的特点，也有助于我们选用食具。

江西景德镇陶瓷生产历史悠久，唐代生产的白瓷即有"假玉器"之称。自北宋起，景德镇逐渐成为全国的制瓷中心，号称"瓷都"。其青花瓷幽靓雅致、装饰花纹生动，青花玲珑瓷更给人以玲珑剔透的美感。其颜色釉丰富多彩：红釉釉色浑厚、明朗鲜艳，青釉素淡雅致、柔和淳朴，花釉斑驳陆离、变化万千，其中尤以青花为最，驰名中外。成套的青花餐具用于筵席，可使满桌生花，幽雅动人。

湖南醴陵瓷器的特点是瓷质洁白，色泽古雅，音似金玉，细腻美观，其釉下彩美而不俗，誉满中外，1915年曾获巴拿马国际博览会一等金牌奖。

河北唐山瓷器过去质地粗糙，中华人民共和国成立后始成为名瓷，现在生产的瓷器光灿莹洁，富丽堂皇，其雕金装饰和五彩缤纷的喷彩艺术独树一帜。

山东淄博于北朝时期已开始烧制青釉瓷，古以雨点釉、茶叶末釉、云霞釉、兔毫釉著称；中华人民共和国成立后新创乳白瓷、鲁青瓷、象牙黄瓷，具有粗犷、浑厚、素雅、大方的特色，且质地细薄、釉面光滑、如脂如玉。

广东石湾陶瓷也已具有1000多年的生产历史，历来有古雅朴拙、浑厚耐看、神形兼备、多彩多姿之称誉。近现代受西方装饰风格影响，五彩斑斓，别开生面，大量出口，在国外享有盛誉。

此外，辽宁海城陶瓷、四川崇宁陶瓷、江苏宜兴紫砂陶等都各具其风貌特色。

瓷器食具在中国饮馔史上占据着统治地位，但也不是唯一的，还有其他材料的食具辅佐，其中最突出的是竹筷或木筷。

筷作为中国所特有的食具，早已为世界各民族所称羡。据考，至少在夏代，中国已用筷夹食，但当时称之为"梜"，有时写作"箸"，已见竹、木之别矣。秦代叫作"箸"。何时称"筷"，尚未确考，有人认为始于宋代，为避讳而改之。陆容在《菽园杂记》中说："民间俗讳……如舟行讳住讳翻。以箸为快儿，幡布为抹布。"后来，为了区别起见，加竹头成筷。其实，从字义讲，"筷"当比其他名称更贴切。筷者，快也，或谓进餐时动作之轻快，或谓进餐时心情之愉快，本身便是一个美称。

筷之质料，以竹木为主，亦有金、银、象牙、犀角、玉等，近代又有电木筷、玻璃筷、塑胶筷，其中最常用、最易取、最轻便、最耐用同时也具有工艺美学价值者仍数漆竹筷和漆木筷。古代许多竹木筷，方圆有致，式样精巧，或描龙绘凤，或点金铺彩，或精雕图画，或镂刻诗文，比较有名的产品有福建漆筷、杭州天竺筷、陕西山阳木筷、北京牙筷等。古代有一种"乌木镶银筷"或"乌木镶金筷"，握手部为乌木，另一端镶金或银。其木质坚硬，经久不变形、不弯曲，上有雕刻图画，名贵而且适用。

早在1000多年以前，我国筷子已传入日本、朝鲜、越南等东南亚国家，后来又逐渐受到西方各国的重视，认为以筷为食具在轻便卫生方面强于西方的刀、叉和以手抓食。

对筷的选用，同样应以筵席的规格和主题的需要为根据。庄重古雅的筵席环境可用红木筷、乌木筷或漆竹筷，明快畅达的筵席环境可用牙筷（牙筷太贵重，近年来有一种塑料仿牙筷可代之）、玻璃筷，一般场合用竹筷即可。

刀、叉、签、夹自西方传来，现代我国有时也选用，以不锈钢制品为佳，明亮美观又卫生。

本章小结

本章详细介绍了中国饮食器具的发展历史、盛器的种类、酒具、茶具、食具，培养对饮食器具的审美能力，利用饮食器具实用美学原则对不同宴会的餐具进行挑选和组合，发挥餐具之美，应在使用餐具时处理好多方面的多样统一关系。其中菜肴造型与盛器的选择是本章熟练掌握的内容。

 **思考与练习**

一、职业能力应知题

1. 为什么说饮食器具之美是饮食美的重要组成部分?

2. 简述彩陶、黑陶的美学风格。

3. 举例分析餐具在菜肴中的作用。

4. 中国餐具的美学原则是什么? 使用餐具应注意哪些问题?

5. 漆器时期的美学特点是什么?

6. 青铜器时期的美学特点是什么?

7. 盛器选择的功能与审美要求有哪些?

二、职业能力应用题

1. 论述中国传统饮食器具在不同时期的美学风格。

2. 分析中国饮食器具在瓷器时期的发展历程及审美特征。

3. 论述中国酒具、茶具、食具造型的艺术风格和特色。

第七章

宴会设计

学习目标

➤ 应了解、知道的内容：
  1.宴会对环境布置的要求　2.宴会台面的种类　3.花台设计的步骤
  4.展台类型与布置要求
➤ 应理解、清楚的内容
  1.宴会台型设计的总体要求　2.花台的意义　3.展台的环境布置形式
  4.宴会的娱乐设计内容
➤ 应掌握、应会的内容：
  1.宴会设计原则　2.宴会台型设计　3.花台制作　4.花材色彩的调配
  5.宴会花台制作中的插花技法
➤ 应熟练掌握的内容：
  1.宴会设计　2.宴会娱乐设计

宴会的整体设计不仅是一门科学，同时也是一门艺术。它的科学性表现在设计时应从美学、艺术装饰学、心理学、商品学、营养学、卫生学、营销学等角度来考虑。它的艺术性表现在它既有前奏曲和序幕，也有主题和内容，然后再把情节推向高潮，直至尾声。宴会的设计要求有一定的艺术手法和表现形式，其基本原则就是要因人、因事、因地、因时而异，再按就餐者的心理要求，营造一个与之相适应的和谐统一的气氛，显示出整体美。宴会设计在餐饮服务中起着越来越重要的作用。

设计一场完美的宴会席面，不仅要求色彩艳丽醒目，而且每桌的餐具必须配套。餐具经过摆放和各种装饰物品的点缀，拉开了整个宴会的序幕，暗示了宴会的内容、主题、等级和标准，同时引起每位就餐者对筵席美的艺术兴趣，并能增加食欲，这就是宴会设计的目的。设计者在了解并掌握宴会设计基本知识的基础上，经过潜心研究、分析，才能设计出生动、形象而富有特色的宴会，才能让顾客感到赏心悦目。

第一节 宴会环境布置

一、宴会对环境布置的要求

在餐厅的经营过程中，营造环境气氛尤为重要。餐饮环境布置的气势越大，越能为餐厅赢得竞争的优势，宴会设计就是一种很好的造势载体。

在餐饮经营的众多影响因素中，环境的布置是吸引顾客前来用餐的十分重要的内容。人们来参加宴会，环境视觉形象的影响应是首要的，它直接影响着人们对事物的认识，所以宴会无论是在室内餐厅举行，还是在露天的花园草地进行。环境的装饰布置都很重要。环境布置的目的是为了突出主题，所以视觉形象设计要仔细，每一个细小的地方都会影响到整个宴会的风格。因此，设计者一定要具备美学艺术修养，掌握不同民族文化思维模式和审美情趣的差异，考虑到民族风情、异国情调的表现特色，懂得环境艺术设计、色彩搭配、灯光配置、饰品摆设等知识，营造出一种自然天成、幽静雅致的用餐环境。

宴会的环境布置还要考虑到宴会活动背景主题的延伸。餐饮空间的装饰必须紧扣主题内容，充分表现主题，而不同主题内容的宴会在布置和装饰餐厅空间时的侧重点又不同。设计者必须仔细分析宴会推出的形式、内容、菜品、饮品、服务方式及特色，选择合适的餐饮场区，从而决定餐厅环境的布置和装饰风格，同时考虑饭店、餐厅的特点和档次在宴会活动中所产生的艺术效果和构成的餐饮氛围。

总而言之，餐饮空间的气氛是宴会整体设计的重要组成部分，有形气氛设计的优劣直接关系到宴会实施的成败。

二、宴会环境布置的优势

一般来说，宴会环境布置具有以下几点优势：

（1）增强就餐环境的文化内涵。现代餐饮经营不仅要注重菜肴的色、香、味、形、意等方面，而且要对饮食环境、饮食文化加以研究开发，使消费者得到一种更高水平的享受，处在一个轻松、愉快的氛围中。宴会餐厅的环境设计和布置体现出宴会文化的主题和内涵。

宴会文化氛围的营造要注意形成自己的特色，将最能显示餐饮企业特色的装饰物放置在宴会大厅的中心位置或最显眼处。例如，广州白天鹅宾馆在"夏威夷风情"宴会期间，将一穿草裙的夏威夷少女塑像安放在餐厅正中，突出了宴会的主题，也给顾客营造一种具有异国情调的文化氛围。

（2）调动顾客前来用餐的积极性。宴会餐饮空间气氛设计与宴会菜点饮品、服务方式、服务特色、服务程序、推广宣传等其他设计工作共同组成一个有机的整体，并反映和体现宴会的主题。餐饮空间的气氛设计的主要作用在于影响顾客的心境、心态和情趣，调动广大顾客来餐厅就餐的积极性，并使广大顾客拥有一段难忘的宴会经历和情感旅程，给顾客留下深刻难忘的印象。

（3）树立餐饮经营的新形象。举行宴会如同饭店的盛大节日，同时，装饰布置一新的餐饮空间也就成了"店景文化"的组成部分。一次成功的宴会，也是餐饮企业形象最好的展示。宴会的设计应在市场调查和市场分析的基础上针对市场消费人群的职业分布、年龄结构、性别结构、经济收入、文化修养、国籍种族、政治宗教、风俗习惯等人文背景和消费行为特征进行研究设计，既考虑消费人群的普遍性，又考虑其个性需要，通过精心布置的宴会场所树立餐饮企业的新形象，让顾客感受到一种亲情和关爱。

第二节　宴会台面种类与台型设计

一、宴会台面的设计

（一）宴会台面的种类

人们把形式、内容、风格等相近的台面归成一类，由此产生了不同种类的宴会台面。宴会设计者必须根据需要设计合宜的台面。要想设计出理想的宴会台面，首先必须了解并掌握宴会台面的种类及命名方法。

宴会台面的种类很多，一般按餐饮风格划分为中餐宴会台面、西餐宴会台面和中西混合宴会台面。也可按顾客的人数和就餐的规格划分为便宴台面和正式宴会台面，而按台面的用途又可划分为餐台、花台和展台。

1. 按餐饮风格分

宴会台面按餐饮风格可划分为中餐宴会台面、西餐宴会台面和中西混合宴会台面。

（1）中餐宴会台面。以圆桌台面为主，小件餐具通常包括筷子、汤匙、骨碟、搁碟、味碟、汤碗和各种酒杯。

（2）西餐宴会台面。西餐常见的酒席宴会台面主要有直长台面、横长台面、"T"形台面、"工"字形台面、腰圆形台面和"M"形台面等，小件餐具通常包括各种餐刀、餐叉、餐勺、菜盘、面包盘和各种酒杯。

（3）中西混合宴会台面。可采用中餐宴会的圆台和西餐的各种台面。小件餐具通常由中餐用的筷子和西餐用的餐刀、餐叉、餐勺以及其他小件餐具组成。

2. 按台面用途分

按台面的用途，宴会台面可划分为餐台、花台和展台。

（1）餐台。餐台也叫素台，在饮食服务行业中称为正摆式。此种宴会台面的餐具摆放都应根据就餐人数的多少、菜单的编排和宴会标准来配用，比如，7件头、9件头、12件头等。餐台上的各种餐具、用具的间隔距离要适当。要清洁实用、美观大方，放在每位宾客的就餐席位前。各种装饰物品都必须摆放整齐，而且要尽量相对集中。这种餐台多用于中档筵席，也可用于高档宴会的餐具摆设。

（2）花台。花台就是用鲜花、绢花、盆景、花篮及各种工艺美术品和雕刻物品等点缀构成的各种新颖、别致、得体的台面。这种台面设计要符合筵席的内容，突出宴会主题；图案的造型要结合筵席的特点，要有一定的代表性或政治性；色彩要鲜艳醒目，造型要新颖独特。

（3）展台。展台是指按筵席的性质、内容，用各种小件餐具、小件物品、装饰物品及食品雕刻摆设成各种图案，供顾客在就餐前观赏的台面。在开宴上菜时，撤掉桌上的各种装饰物品，再把小件餐具分给各位宾客，让宾客在进餐时便于使用。这种台面一般用于民间筵席和风味筵席。

（二）宴会台面的命名

大多数成型或成功的台面，都拥有一个别致而典雅的名字，即台面的命名。只有给宴会台面恰当地命名，才能更加突出宴会的主题、增加宴会的气氛。宴会台面命名的方法主要有以下几种：

（1）按台面的形状或构造命名。这是台面命名最基本的方法，但通常说来有点过于简单，其具体命名有中餐的圆桌台面、方桌台面、转台台面，西餐中的直长台、"T"形台、"M"形台、"工"字形台等。

（2）按每位客人面前所摆的小件餐具的件数命名。这种命名方法使人一听便知台面餐具的构成，便于客人了解宴会的档次和规格。其具体命名有 5 件餐具台面、7 件餐具台面等。

（3）按台面造型及其寓意命名。这种命名方法容易体现宴会主题，其具体命名有百鸟朝凤席、蝴蝶闹花席、友谊席等。

（4）按宴会的菜肴名称命名。这种命名方法使宴会工作人员一听便知应摆放何种餐具，其具体命名有全羊席、全鸭席、鱼翅席、海参席、燕窝席等。

（三）宴会台面设计的基本要求

要想成功地设计和摆设一张完美的宴会台面，要预先做好充分的准备工作，既要进行周密、细致、精心、合理的构想，又要大胆借鉴和创新。但无论如何构想与创新，都必须遵循宴会台面设计的一般规律和要求。

（1）按宴会菜单和酒水特点进行设计。宴会台面设计要按宴会菜单中的菜肴特点来确定小件餐具的品种、件数，即吃什么菜配什么餐具，喝什么酒配什么酒杯。不同档次的酒席还要配上不同品种、不同质量、不同件数的餐具，同时按台面的品种摆放相应的筷子、汤匙、吃碟、酒杯。比如较高级的筵席除了摆放基本的筷子、汤匙、吃碟和酒杯外，还要按需要摆放卫生盘和各种酒杯。

（2）按顾客的用餐需要进行设计。餐具和其他物件的摆放位置既要方便顾客用餐，又要便于席间服务，所以要求每位客人的餐具摆放紧凑、整齐和规范化。

（3）按民族风格和饮食习惯进行设计。选用小件餐具要符合各民族的用餐习惯，比如中餐和西餐所用的桌面和餐具就不尽相同，必须区别对待。中餐台面要放置筷子，西餐台面则要摆放餐刀、餐叉。安排餐台和席位要按各国、各民族的传统习惯确定，设置的花卉不能违反民族风俗、宗教信仰和禁忌。比如，日本人忌讳荷花，所以日本人用餐的台面就不能摆放荷花及相关的造型。

（4）按宴会主题进行设计。台面的造型要按宴会的性质恰当安排，使台面的图案所表达的意思和宴会的主题相称。比如，婚庆筵席就应摆"喜"字，增加婚宴的喜庆色彩。若是接待外宾，就应摆设迎宾席、友谊席、和平席等。

（5）按美观实用的要求进行设计。使用各种小件餐具进行造型设计时，既要设法使图案逼真美观，又要不使餐具过于散乱。顾客常使用的餐具原则上要摆在顾客的席位上，以便于席间取用。

（6）按清洁卫生的要求进行设计。摆台所用的台布、口布、小件餐具、调味瓶、牙签筒和其他各种装饰物品都要保持清洁卫生，尤其是摆设小件餐具（如折叠餐巾）时更要注意操作卫生，手和操作工具要洗干净，避免污染。折叠餐巾花时不能用嘴咬餐巾，摆设筷勺不准拿筷子尖和汤勺舀汤的部位，摆放碗、盘、杯时不准拿与口直接接触的部位和接触用具的内壁。

二、宴会台型设计

宴会台型设计，就是将宴会所用的餐桌根据一定要求排列组成的各种格局。宴会台型设计的总体要求，是突出主台，主台应放在显著位置，整个格局成一定的几何图形。餐台的排列应整齐有序，间隔适当，既方便来宾就餐，又便于席间服务；同时应留出主行道，以便于主要宾客入座，宴会类型不同，台型设计也有所区别。

（一）中式宴会的台型设计

无论是多功能厅还是小型的专门宴会厅，无论是一个单位举办宴会还是多个单位在同一厅内同时举办宴会，都要进行合理的台型设计。

（1）多个单位同时举办宴会的台型设计。预订酒席的餐台安排一般要自成一个单位，若在一个餐厅同时有两家或两家以上单位或个人所订的酒席，就应以屏风将其隔开，以防相互干扰和出现服务差错。其餐台排列可根据餐厅的具体情况而定。一般排列方法是：2桌可横向或竖向平行排列，4桌可排列成菱形或四方形，桌数多的可排列成方格形。

（2）独家举办宴会的台型设计。独家举办的中餐宴会通常要在专厅举行。其餐台的安排要特别注意突出主台。主台应安排在面对正门的餐厅上方，面向众席，背向厅壁，纵观全厅。按桌数的不同，可参考以下台型设计：

①3桌可排成"品"字形或竖"一"字形，餐厅最上方的一桌为主台。

②4桌可排成菱形，餐厅最上方的一桌为主台。

③5桌可以排列成"立"字形，上方一桌为主台。

④6桌可以排列成"金"字形，顶尖一桌为主台。

⑤大型宴会席桌的排列，其主台可采用"主"字形排列，其他席桌则按宴会厅的具体情况排列成方格形即可。

另外，也可将主台摆在中间，将其他席桌围绕主台排列造型。比如"梅花席""三梅吐艳"就是一种运用餐台造型的排列方法。

（3）中餐宴会台型布置的注意事项：

①中餐宴会大多数用圆台，餐桌的排列特别强调主桌位置。主桌应放在面向餐厅主门、能够看清全厅的位置。将主宾入席和退席要经过的通道辟为主行道，主行道应比其他行道宽敞突出些。其他餐台座椅的摆法、背向要以主桌为准。

②中餐宴会不仅强调突出主桌的位置，还非常注意对主桌进行装饰，主桌的

台布、餐椅、餐具、花草等也应与其他餐桌有所不同。

③要有针对性地选择台面。通常直径为 150 厘米的圆桌，每桌可坐 8 人左右；直径为 180 厘米的圆桌，每桌可坐 10 人左右；直径为 200 厘米~220 厘米的圆桌，可坐 12 人~14 人；若主桌人数较多，可安放特大圆台，每桌坐 20 人左右。直径超过 180 厘米的圆桌，应摆放转台，不宜放转台的特大圆台可在桌中间铺设鲜花。

④摆餐椅时要留出服务员的分菜位，其他餐位距离一样，若设立服务台分菜，应在第一主宾右边、第一客人与第二客人之间留出上菜位。

⑤重要筵席或高级筵席要设分菜服务台。分菜服务在服务台上进行，然后分送给客人。

⑥大型宴会除了主桌外，所有桌子均应编号。号码架放在桌上，使客人从餐厅的入口处就可看到。客人也可从座位图知道自己桌子的号码和位置。座位图应在宴会前画好，宴会的组织者应根据座位图来检查宴会的安排情况和划分服务员的工作区域，而宴会的主人可按座位图来安排客人的座位。但任何座位计划都应为可能出现的额外客人留出座位，因此通常情况下应预留 10% 的座位，不过事先最好与主人协商一下。

⑦餐桌排列按餐厅的形状和大小及赴宴人数的多少来安排。桌与桌之间的距离以方便穿行、上菜、斟酒、换盘为宜。通常桌与桌之间的距离不少于 2 米。在整个宴会餐桌的布局上，要求整齐划一，做到桌布一条线、桌腿一条线、花瓶一条线，主桌主位能相互照应。若举办者只举办 2 桌宴会，此时台型设计应将主桌放在里面，尽量靠近花台或壁画；若是 3 桌、5 桌或 10 桌宴会，除突出主桌外，还应将主桌对着通道大门。

⑧设计多台宴会时，要按宴会厅的大小、形状或主人的要求进行设计，设计要新颖、美观、大方，并应强调会场气氛，做到灯光明亮。一般情况下要设主宾讲话台，麦克风要事先装好并调试好。绿化装饰布置要求做到美观高雅。另外，吧台、礼品台、贵宾休息台等应根据宴会厅的情况灵活安排，既要方便客人，又要方便服务员为客人服务。整个宴会厅布置要协调美观。图 7-1 为多桌中餐宴会的台型设计。

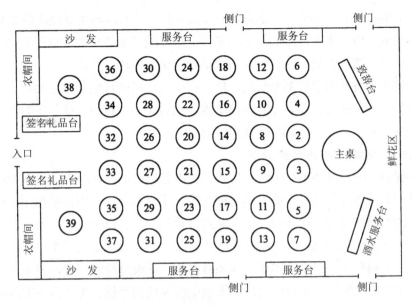

图 7-1 多桌中餐宴会的台型设计

（二）西式宴会的台型设计

西餐通常使用小方台，西餐酒席宴会的餐台是用小方台拼接而成，餐台的台型和大小可按就餐人数、餐厅形状和顾客要求安排。一般 20 人左右的酒席通常可摆"一"字形长台或"T"形台，40 人左右的酒席可安排"I"形台或"N"形台，60 人左右的宴会可排"M"形台。

（三）鸡尾酒会的台型设计

鸡尾酒会仅在厅内布置小圆桌，不设菜台，也不设座位。为方便女宾和年老体弱者，可在厅室周围摆放少量的椅子。同时可在厅室的左右两侧摆上酒台，供服务人员送酒和备餐之用。

（四）冷餐会的台型设计

冷餐会的餐桌应保证有足够的空间布置菜肴。应根据人们正常的步幅，以每走一步就能挑选一种菜肴为标准，充分考虑所供应菜肴的种类与规定时间内服务客人人数之间的比例问题，否则进度缓慢会造成客人排队或坐在自己的座位上等候。

餐桌可摆成"U"形、"V"形、"L"形、"C"形、"S"形、"Z"形及1/4圆形、椭圆形。此外，为了避免拥挤，便于供应主菜（如烤牛肉等），可设置独立的供应摊位。由于客人手持盛满菜肴的菜碟穿过人群是比较危险的，若不在客人的座位上供应点心，也可另外摆设点心供应摊位，而且应与主要供应餐桌分开。

桌布从供应桌下垂至距地面6厘米处，这样既可遮住桌脚，也可避免客人踩踏。若使用色布或加褶，会使单调的长桌看起来更加赏心悦目。

可将供应餐桌的中央部分垫高，摆一些引人注目的特色菜或名菜等。饰架及其上面的烛台、插花、水果和装饰用的冰块也会增添高雅的气氛。各类碟之间的空隙可摆一些牛尾菜、冬青等装饰用植物。

（五）冷餐酒会的台型设计

冷餐酒会分设座和不设座两种形式，所以它的台型设计形式也各不相同。

（1）不设座冷餐酒会。应按出席的人数、菜点的多少，用长桌在厅室的中间或厅室的四周摆设若干组菜台，供摆菜点、餐具。一般以15~25人为基准设一组菜，在菜点的四周或侧面布置小圆桌或小方桌，周围设若干组酒水台。厅室的四周摆上少量的椅子，供女宾和年老体弱者使用。不设座冷餐酒会一般也不设主宾席，若需要设主宾席，可在厅室的上方摆上沙发或扶手椅，每3张沙发或扶手椅前摆放1张大茶几，供摆茶点和用餐。也可摆设大圆桌或长条桌作为主宾席。如图7-2所示。

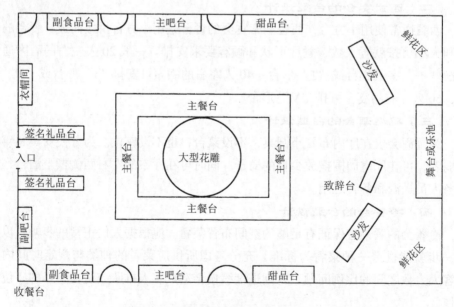

图7-2　不设座冷餐酒会的台型设计

（2）设座冷餐酒会。设座冷餐酒会的台型设计有两种形式。一种是用小圆桌，每张桌边摆6把椅子，在厅内布置若干张菜台。另一种是用10人桌面，摆

10 把椅子，将菜点和餐具按中餐宴会的形式摆在餐桌上。也可按出席的人数用12~24 人的大圆桌或长条桌进行布置。无论是何种台面，餐台均摆放在宴会厅四周，并在一角设置酒吧。如图 7-3 所示。

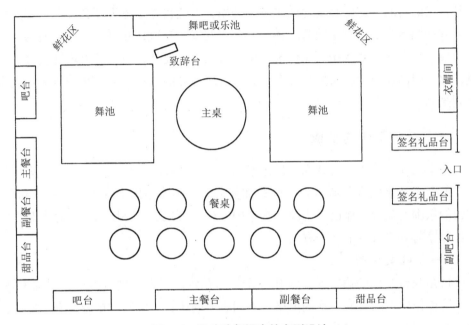

图 7-3　设座冷餐酒会的台型设计

第三节　花台艺术设计

花是大自然中美的天使，是大自然的精华，它具有一股盎然蓬勃的生机，象征着生命不息。宴会花台是餐厅和餐桌台面布置装饰中最贴近大自然的艺术之作，它完美地表现了花的娇美以及人们对美丽人生的憧憬。我国北周诗人庾信在他的诗中写道："春色方盈野，枝枝绽翠英"，"好折待宾客，金盘衬红琼"，将花枝置于铜盘中接待宾客。公元 2 世纪，古罗马人将花撒在餐桌上做装饰，用紫罗兰、风信子、鸢尾、蔷薇花、香石竹等做花台。如今，宴会花台已形成一种时尚，并不断地发展变革，小到在精致的花瓶中插上一朵玫瑰，配上满天星、肾厥叶，大到宴会席面主题插花和艺术花台的设计，都有一个施展艺术的天地。

花台是餐台当中一个特殊的类型，是用鲜花堆砌造型的供人观赏的台面，具有很高的艺术价值。花台虽然缺少厅台的实用性，但在高档宴会中却有着举足轻重的作用。首先，花台能够体现宴会的档次，只有高档的宴会才设花台，普通宴会往往不设花台。其次，花台能充分体现宴会的主题。主办者举行一次宴会往往有其特定的目的，这就是宴会的主题。利用花台能较好地体现宴会主题。比如在欢迎或答谢宴会上用友谊花篮来体现和平、友好、友谊，在婚宴上用艳丽的红玫瑰拼成大红喜字或戏水图案来体现爱情、喜庆等。此外，花台还可增加宴会的气氛，比如前已述及的喜庆婚宴花台，火红的玫瑰亮丽夺目，无疑将使宴会的气氛达到高潮。

一、花台制作的步骤

一个设计成功的花台就像一件艺术品，它以花卉的自然美和人工的修饰美相结合的艺术造型使人赏心悦目，为参加宴会的宾客营造出了隆重、热烈、和谐、欢快的氛围，花台制作已成为高档宴会中一种不可缺少的环境布置。花台制作的基本程序与方法有以下几个方面。

（一）确定主题

这是花台制作的第一步。制作一个好的花台，事先要进行构思，明确主题，按主题创作出不同类型、不同风格、不同意境的花台。可以这样说，有了好的主题，花台制作就等于成功了一半。

宴会的主题是确定花台制作主题的依据，所以，在动手制作花台之前的构思过程中，一定要考虑宴会的主题是什么，不能随心所欲、自由发挥。因此，花台主题的确定取决于宴会的主题。比如，祝寿宴的花台制作就必须反映"寿比南山"的主题，新婚宴的花台制作就适宜突出"花好月圆"的主题。

（二）要有创新突破

在突出主题的前提下，花台的制作也应注意创新，不能总是用传统的或别人的立意。花台设计要有新意，打破旧框框，不被传统的模式所左右。让参加宴会的顾客见到过去没有见过的花台，才能够使其感到新奇，花台才具有吸引力，才能达到一定的效果。

（三）要符合宴会的具体要求

花台制作者在构思花台的主题时，要按宴会厅的环境、餐桌的大小和形状进行创作。比如，餐桌是长台，花台就不能摆成圆形的。花台的大小也必须适合餐桌的大小，花台过大，会无法在餐桌上摆放；花台过小，又起不到渲染宴会气氛的作用。同时，花台设计还要按顾客的具体情况灵活处理。如遇宾主身材都不太高，为了方便宾主进行交谈，可考虑将通常摆在宾主前的主花台一分为二，并用"鹤望兰"做主花，将两组小花台设计成孔雀状，同时在中间空当处用低矮的花器插出不高于 10 厘米的花束，营造出一种春回大地、百鸟争春的意境。

（四）选择花材

选择花材是花台制作的首要前提。适用于花台制作的花卉材料很多，无论是植物的哪一部分，只要具有鲜明的色彩、优美的形态、能给人以美感，都可用于花台的制作。但若不能恰当地加以选用，哪怕花材本身很艳丽，也可能达不到制作者预期的效果。所以，只有选择合适的花材，才能给花台的制作创造有利条件。

二、花台的意义

（一）象征性

花是人类永远的朋友，它无微不至地呵护着人类的情感世界，无论是爱情还是友谊。无论是欢乐还是悲哀，在花的海洋里都能找到寄托。许多花卉被公认为有一种特定的象征意义，称为"花之语"。如：牡丹——富贵；梅花——耐寒；菊花——傲霜；荷花——高洁；玫瑰——爱情；兰花——深沉；葵花——忠诚；桃花——热烈。

（二）季节性

各种植物花材在自然界的生存变化、季节轮回中形成了独特的情趣和风格，并给人以一种精神的象征。

（三）民族性

制作者在花台的设计中，要根据宴会的主题来立意构思，在花台作品的花材选择、色彩处理、风格技巧、表现气氛诸方面围绕这个中心展开；同时，还必须尊重不同国家、不同民族的风俗习惯，选用最合适、最能表达主人心愿的花材，防止使用宾客忌讳的花材。各个国家和地区都有国花、代表花，并把它作为民族精神的体现，但同时也有"忌花"，或称作"禁花""凶花"。例如，菊花是日本的传统花卉，而欧洲人忌讳用菊花做花饰；欧洲人钟爱玫瑰花，而印度人认为它是悼念用花；荷花是泰国宗教精神的象征，而日本人认为它是丧花。在国际交往日益频繁的今天，我们必须全面了解并灵活运用国际礼仪与交际礼节的有关知识，用鲜花来传递我们对世界各国人民的诚挚问候和美好祝愿。以下是部分国家和地区的人们在宴会中常用的花卉。

泰国风情花台：莲花、桂花。

墨西哥风情花台：仙人掌、大丽菊。

荷兰风情花台：郁金香。

美国风情花台：山楂花。

法兰西风情花台：百合、玫瑰。

意大利风情花台：紫罗兰、雏菊、玫瑰。

川味风情花台：杜鹃花、红叶、竹子、芙蓉花。

江南风情花台：玉兰花、月季花、茉莉花、兰花。

南粤风情花台：木棉花、紫荆花、石榴花。

云南边寨风情花台：山茶花、杜鹃花。

圣诞节宴会：圣诞红、松果、香榧叶。

复活节宴会：水仙、毛茛属、常春藤、黄杨木。

母亲节宴会：康乃馨、香水百合、蝴蝶兰。

父亲节宴会：文心兰、石斛兰、天门冬、菠萝蜜。

中国春节宴会：银柳、蜡梅、山茶、水仙、天竹果、金红掌。

中秋节宴会：红掌、康乃馨、斑纹万年青、狗尾草。

端午节宴会：斑叶百合、海棠、红掌。

重阳节宴会：黄色菊花。

乡土风味宴会：狗尾草、波斯菊、蓬莱松、野草。

婚礼宴会：玫瑰花、勿忘我、情人草、扶郎、铁树叶、百合。

三、花材色彩的调配

不同的色彩会引起人们不同的心理反应，所以，在花台制作中要按宴会的主题，灵活掌握花卉与花卉之间的关系。要突出宴会热烈、欢快的气氛，可用红色作主色，辅以其他色彩的鲜花（但不能太多，一般四五种即可）。这种情况要求配合在一起的色彩必须互为补充、协调如一，但有时也可按实际情况用单种颜色制作出别具一格的花台。在配置色彩时，不可忽视青枝绿叶在花台制作中的衬托作用。绿色最富有生机，能给人带来春天生命的气息。

在调配花材的色彩时，还要注意花材的质量。因为鲜花是具有生命的，当其离开母枝后，生理功能受到了破坏，水分和养料的吸收已无法与前期相比，再加上种植期间天气、虫害等的影响，其质地也就不能完全适合在制作花台时使用。所以，在考虑客人喜好和把握色彩配置原则的前提下，挑选花材时一定要尽量选用色彩艳丽、花朵饱满、花枝粗直、长短适中的花材，防止使用垂头萎蔫、脱水干枯、虫咬烂边、残缺病斑等有缺陷的花材。

四、宴会插花

（一）插花技法

正确运用插花技法是花台制作的关键，制作者只有正确、熟练地掌握并运用插花技法，才能完成自己精心构思的花台。正确运用插花技法应做好以下工作：

（1）要遵守花台造型的规律。花台的造型要有整体性、协调性，这是花台制作最基本的要求。尽管主花在花台中占有主导地位，配花、枝叶居辅助地位，但主花却少不了配花，只有做到有主有配，才能使花台成为有机的整体。插配中任何花卉都是整体中的一部分，每一部分都交相辉映，少了任何一部分都会影响花台的整体美。

（2）要按制作步骤展开。制作时，应先插主花，用主花将花台的骨架搭起来；再插配花，使花台初显生动丰满的造型；最后再用枝叶进行必要的点缀，使整个花台充满活力，极富韵味。制作完毕的花台还要检查一遍，看看是否有不足之处，并将桌面收拾干净。

（3）要利用各种辅助手法。尽管强调要选择合适的花材，但在实际工作中，花台制作人员往往会遇到有缺陷的花材（如枝干过短、过软，花朵未开和太小等），这就要求制作者借助一些辅助手法来弥补花材的不足之处。枝干较短时，可将废弃的枝干用金属丝绑在较短花枝的下方，增加其长度；花朵未开或太小时，可向花朵吹气或用手帮助其打开（适用于玫瑰、石竹等）；花枝较细软时，可将其固定在其他粗枝上，增强其支撑力。

总而言之，花台设计使插花艺术和摆设艺术上升到一个新的境地，设计者应充分发挥自己的想象力和创造力，设计出合时、合宜、合适的花台造型。

（二）餐台插花的方法

1. 花材的选择

选择花材是艺术插花的基础，花材选择的好坏将直接影响到插花的成败。选用的花材应具备以下条件：生长茂盛，无病虫害；花期较长，水养持久；花色鲜艳，外形齐整或素雅洁净，花梗长而粗壮挺直；无刺激性气味，不易污染衣物。在挑选好了花材后，还需适度、巧妙地对这些花材进行有机、协调的组合，否则仍插不出优美动人的好作品。此时就应注意以下几个问题：

（1）要熟悉花材的特性，"因材制宜"，随机处理。竹的美表现在它的笔直挺拔上，牡丹的美在于它的硕大端庄、雍容华丽的花朵，自然中的植物大多充满了丰富多彩的色彩美、姿态美和线条美，只有掌握了花材的特点，才能巧妙地进行组合搭配，得心应手地创作。

（2）要了解花材的季节特色和象征意义，并进行合理选材，突出主题。四季花材各具特色，因而所表达的意境也不尽相同。如春花可表现生机盎然的情趣，秋花可显示寂寥凋零的气氛等。只要掌握了各季花材的特色，就能具体表达我们的感受。另外，还要依据室内环境条件（室内设备、色彩、光线等）来选材，以便使作品与周围环境和谐统一、相映生辉。

2.花器与花材的配用

花器的配用也至关重要，花器与花材配用得好，就可使作品增色许多；否则会给人以生硬呆板之感，甚至会导致作品的失败。

（1）水盘、高脚盘。适合插的花卉有樱花、连翘、郁金香、黄水仙、孤挺花、鸢尾、百合、水杨、女贞、夏野漆、燕子花、叶兰、草珊瑚、龙胆等。

（2）筒、瓶。适合插的花卉有野木瓜、翠菊、毛油点草、贴梗海棠、茶花、桃花、连翘、石榴、松、梅、南蛇藤、土茯苓等。

3.插花道具

餐台插花的道具主要是盛器（瓶、盆钵、竹篮等）、固定物（"剑山"、黏土、金属丝、石卵等）、工具（剪刀、喷水器等），大型插花还会用到锤、锯、钉、铁丝网等。盛器的颜色、造型取决于花材和环境（场所）。如将白菊花插于白色瓷盆中，而背景又是白墙壁时，就一定会显得单调。此时最好选用深色的盛器。走廊不宜随便放花瓶，但可用竹器、陶瓷等悬挂式花器。餐桌中间为不遮挡视线，可用盆钵而不用瓶。就环境而言，厅室的大小、布置风格等都会影响盛器的选择。

4.插花方法

餐台插花的方法通常分为剪切、曲枝和定植三种。

（1）剪切。花材的修剪应根据花材优美的天然姿态来进行，并与所采用的花器颜色、式样互相配合协调。一件成功的艺术插花，全在于插花者如何利用技巧安排花材，将美感在艺术的境界中充分表达出来。

（2）曲枝。曲枝是插花者根据需要，按设计思想对天然枝干施以人为的弯曲。其方法是用两个大栂指互相对着贴近天然枝干需要屈曲的地方，慢慢使之弯曲，也可以借助金属丝使之弯曲。如要使长叶植物的叶子弯曲，有时可用圆形管子或钢笔等代用品来卷成所需姿态；也有的是在前端中间划开，将末端插入划开的缝隙中。

（3）定植。定植是将花朵枝茎定插，同时稳固它的位置及方向，使它不致随时变动。盆花依靠"剑山"或黏土，瓶花用小枝或留下本身的枝干固定于瓶内。

（三）餐台插花造型的原则

任何插花造型，都应遵循主题突出、统一均衡、色彩和谐三大主要原则。

1. 主题突出

主题又称重点、焦点和核心，它是插花造型设计的中心。确定花材、花器后的第一件事就是要确定主题，然后再根据意图加以润饰，切忌兼收并蓄、宾主不分。大型插花在主题确立后，还可适当安排少量的辅助中心，以增加画面的变化。为突出主题，可运用花卉的种类、色彩及形状的对比、配合来增强韵律效果，使主题更加完美鲜明。

2. 统一均衡

插花构图同绘画一样，是多样性的统一与不对称的均衡，只有这样才能得到生动活泼的造型和协调统一的效果。变化太多会零乱。平铺直叙又显得单调、呆板，因此，应在统一中求变化，在不均衡中求均衡。初学插花者总喜欢把多种花材和衬叶拼在一起，以期达到艳丽多姿的形态，但这么做通常会给人杂乱无章的感觉，这是因为没处理好多样性与统一性的关系所致。主次不分必然会产生零乱。有的人选用的花材虽不多，花色也不杂，但插出的效果也很不理想，这是因为没处理好不对称与均衡的关系所致，变化不大，必然会显得单调。西方有许多传统的图案或插花，所用花材的种类、数量、色彩虽多而丰富，但组合后却十分协调、很经看，关键在于它充分体现了在变化中求统一、在均衡中求不均衡的原则。

3. 色彩和谐

在插花创作中，色彩的表现尤其引人注目。色彩的感染力最强，所以色彩是否和谐常决定着作品的成败。在人们的视觉中，明亮的色彩、暖色调往往会给人轻快的感觉，而灰暗的色彩、冷色调则会给人遥远和沉重的感觉。在了解了色彩的性质和特点后，就可以采用单纯色、对比色和类似色等多种办法来实现色彩和谐。如对比色组合就是将互为补色或近似补色的两种花色组合在一起，蓝色花与橙色花、红色花与黄绿色花、黄色花与紫色花相配。都是具有强烈对比的配色，可充分展示生动、活泼、热烈的气氛。但对比应当适度，不可过于强烈，否则就会产生不和谐的效果。为了减缓强烈对比的刺激感，可选用不同明度、不同纯度的对比色花材进行调和，或改变两个对比色花材的分量。又如类似色组合，它是将色轮上相邻近的色彩组合在一起，其中包括同一色相里明暗程度不同的花色组合。红色、橙红色、淡红色、淡黄色花材的相互配合。绿色、黄绿色和蓝色花材的相互配合，都属于类似色配合。类似色组合可给人高雅秀丽的感觉，但应注意各颜色之间不应差别太小，以免产生色彩单调的感觉。花材与花器的色彩配合也应和谐，容器选用得当，对花材组合也能起到陪衬和烘托的作用。但容器的颜色不应鲜艳华丽，以免喧宾夺主。如艳美的大丽花应配釉色乌亮的粗陶罐，淡雅的菊花应配素朴的细花瓷瓶等。

第四节　展台艺术布置

展台布置就好比宴会的指南目录，其作用在于重点推荐宴会的主题，主打饮食文化以及相关的产品，并配以独特的艺术表现手法，从而具备促销和观赏的双重功能。

一、展台的类型与布置要求

（一）展台的类型

1.观赏型

观赏型展台由冰雕、黄油雕、巧克力雕、果蔬雕、食品模型、中外名酒、个性插花等相互配合组成。作品创作的原形可以来源于生活及乡土民情，使其散发出温馨的人情味并流露出情感的寄托。

2.传统节日型

传统节日型展台是为增添中西方传统节日喜庆气氛而布置的，旨在借节日做餐饮文章，刺激人们节日的餐饮消费欲，增加餐饮销售收入。例如，春节美食展台的布置可以大红色和金色为主色调，在装饰布置过程中选择金童玉女拜年彩瓷像、贴有"满"字的金坛、金钱鞭炮串、生肖玩具、金橘盆景、桃符对联、民间年画、小红灯笼、年糕、饺子、馒头、糖果盒、红鲤鱼等装饰物件。此外"年年有余""恭喜发财""恭贺新禧""招财进宝""万事如意""福"等吉祥图案和文字在展台装饰中也是必不可少的。圣诞节美食展台的布置以红色、白色、绿色、蓝色为主色调，在布置装饰过程中可选择圣诞树、圣诞花环、圣诞小屋、小天使、圣诞礼物、圣诞烛台、麦秆编织、太阳月亮面具、玩具兵、松果、榛子、核桃、幸运星和琳琅满目的圣诞礼篮（圣诞红酒、树根蛋糕、圣诞老人巧克力、干姜饼、曲奇饼、圣诞布丁）等装饰物。

3. 促销型

促销型展台是为餐饮企业的促销活动而设计的。内容多为食品商、酒商赞助的样品以及广告和反映美食之乡的特产、纪念品等，展台规模有大有小，造型简洁明了，常用于以某类特色菜肴、饮品为主题的美食促销活动。

4. 作品型

作品型展台是指为美食节期间举办厨艺交流比赛、新闻发布会而设计布置的向公众媒体开放参观、陈列菜点的展示台，旨在弘扬饮食文化、展现名厨风采、领导餐饮潮流、推动菜肴的开发创新。

（二）展台布置的注意事项

（1）突出主题、表现主题，装饰物必须形式多样、主题统一。

（2）注重展台基座的布置，注重台布、围桌裙的衬托效果。

（3）展品摆放层次分明，高低错落有致，体现节奏与韵律美。

（4）考虑展台装饰色彩的设计与展品的搭配。

（5）注重展台光线照明的艺术设计，突出主展台的主体装饰物。

（6）根据不同餐厅和正门的位置特征，设计展台的朝向和观赏面。设计形式一般有四面观赏型展台、三面观赏型展台或一面观赏型展台，以达到最佳的视觉效果。

二、展台的环境布置形式

宴会除了气氛布置和展台布置外，还有其他的布置形式和手法。

（一）帷幔装饰

餐厅非常流行用帷幔装饰的天花板，它可以配合餐厅的布件装饰营造出一种轻柔飘逸的意境。具体做法是将宽幅装饰彩条布的一端统一固定于餐厅天花板的中心，向餐厅四周辐射，在餐厅内部形成一个被帷幔包围形似帐篷的空间；也可将宽幅装饰布在餐厅天花板空间借助建筑框架无规则地交叠垂挂。在天花板照明的调节下产生神秘的色彩。

（二）气球、彩带装饰

这是较为大众化的布置装饰，可营造出一种节日喜庆的气氛，雅俗共赏，适用范围较广。气球、彩带五彩缤纷，在餐厅天花板的布置手法各异，图案变化多端，随意性强。可在餐厅天花板的中心位置悬吊一张巨大的网，上面堆满气球，气氛达到高潮时可拉动开关，让气球纷纷落下；还可将单色、双色或多色的气球缠绕成长龙，盘旋蜿蜒于餐厅的天花板。彩带装饰通常配合气球一起使用，疏密相间，形成一种凌乱的美。

（三）摆件装饰

摆件在这里指以观赏为主要目的的落地艺术品，它们的点缀能使空间弥漫着一种较浓的文化氛围。宴会餐厅摆件品种按内容可分为雕塑、金属器皿、陶瓷器皿、天然物、仿真古玩文物、现代工艺品、纪念品等，它们有着不同的色彩、造型、风格、质地、文化内涵，是反映宴会主题、体现宴会气氛的重要地面装饰品。在餐厅布置的食品展台、高档名酒和餐具的陈列柜、惟妙惟肖的食雕作品也是必不可少的。摆件的品种内容的选择，应视宴会的场面和档次而定。在大宴会厅举办时，摆件的设置要少而精，以大型雕塑作品为主。各式餐厅摆件的选择还应针对宴会的主题所反映出的多元化民族文化和精神内涵。在特定的宴会场合，为了迎合特殊人群的审美情趣，摆件内容的选择必须尊重民族习俗和宗教信仰，含有象征和纪念意义。在布置形式上，餐厅室内摆件的摆设方法是利用对比关系，摆件的色彩应与餐厅的总体色调相符，或以补色起烘托效应。不但应注意摆件与衬托物之间的关系（例如，深色的橱架、衬布或衬盘适宜浅色摆件，浅色橱架、衬布或衬盘适宜深色摆件），同时，还应考虑摆件的质地（光滑的工艺品，如瓷器、玻璃器皿、金银器等，一般以粗糙的背景衬托）。此外，摆件在布置时要处理好与壁挂类饰物的空间格局关系，互相映衬，而不是彼此排斥。在以中国饮食文化为背景的宴会活动中，在设计餐厅地面摆件时，可考虑以中国传统的工艺美术作品为蓝本，例如青铜器、兵马俑、马踏飞燕、唐三彩、编钟、青瓷花瓶、陶瓷花瓶、景泰蓝花瓶、大型紫砂茶壶、根雕、红木雕等。而在以西方饮食文化为背景的宴会活动中，在设计餐厅地面摆件时可考虑以西方雕塑和土著人崇拜的图腾等为蓝本，例如古希腊米隆的"掷铁饼者"像、古希腊"米洛斯的阿佛洛狄忒"像（俗称米洛斯的维纳斯）、古罗马的"奥古斯都"像、文艺复兴时期意大利米开朗琪罗的"大卫"像、近代法国罗丹的"思想者"像、北美印第安人的图腾标志旗杆等。

第五节　宴会娱乐设计

宴会的气氛和环境装饰是从多方面出发，营造一种主题宴会特色的气氛。不同的宴会主题，其餐厅的娱乐活动和服务人员的穿着都应是有所差别的。在具有特色的宴会活动上，服务员身穿的特色服饰以及与主题相适应的背景音乐，都可以营造出一种幽雅的用餐环境和融洽的宴会气氛。

一、宴会的娱乐设计

（一）宴会与娱乐相结合

餐饮文化本身包含了物质文化和精神文化两大类，在物质文明高度发达的当今社会，餐饮文化的综合性特色已不断地显现出来，并突出了鲜明的时代特色——注重文化品位和气质，不断吸取文化之精华，丰富和完善宴会的内涵。宴会的策划与运作实际上就是人与美食、人与自然、人与文化在社会餐饮活动中的充分表现。

1. 烘托宴会主题气氛

娱乐形式与宴会经营相结合，不仅烘托了餐厅的经营气氛，而且能在社会上造成一定的有利影响。然而娱乐形式与宴会经营相结合并不是随意的，娱乐形式首先必须与宴会主题相适，其次要考虑到餐厅的规模、档次和经营目标等。各种娱乐活动与宴会活动的有机结合，突出了宴会餐厅的个性，增加了餐厅美好祥和的气氛，能吸引广大的顾客。

2. 加深顾客对宴会内涵的理解

宴会主题内容可以通过气氛渲染和装饰布置充分体现出来，而恰到好处的娱乐活动可以进一步显现宴会的内涵和特色。根据不同的宴会采用不同的娱乐形式，可以加深顾客对宴会的了解，强化宴会主题。如乡土菜宴，其娱乐形式要突出热闹、平民化的特点。因此，娱乐形式与宴会活动相结合，要从总体思路出发，结合顾客的要求和餐厅的风格，通过娱乐强化主题，让顾客理解宴会内涵。

3. 体现宴会的精神风貌

宴会的娱乐活动是根据宴会主题风格而精心构思和设计的，在宴会这个多姿多彩、奇葩竞放的大舞台上，已不仅仅只有美食这个角色，美食与娱乐的完美结合不断完善丰富了餐饮经营的内容、发挥了餐饮企业多元化的功能，在弘扬美食的同时传播文化、陶冶情操，两者相得益彰。娱乐与餐饮经营的有机结合从另一个侧面反映了当代人对文化的需求，无论是传统文化还是现代文化，无论是东方文化还是西方文化，都会对餐饮业的发展起到推波助澜的作用。宴会只有在文化星空的映衬下，在精神海洋的包容中，才能越发星光闪烁。

（二）宴会娱乐活动形式

餐饮和娱乐作为两种文化现象，相结合的途径有很多。娱乐项目的设置应围绕餐饮场所的主题风格和经营宗旨进行，注重客源市场和潜在客源市场的文化消费和精神需求，根据餐饮企业的硬件设备设施，努力开发富有民族特色的娱乐形式，提倡健康、文明、格调高雅的娱乐活动，竭力塑造餐饮企业的文化形象和文化氛围。

1. 音乐气氛的营造

音乐是人类创造出的最美好最纯洁的事物之一，并已成为现代文明的标志。它是宴会餐饮活动气氛的添加剂，是当今餐饮生活不可或缺的精神财富。

从功能性方面分析，音乐佐餐具有调节调整情绪、舒缓精神压力、解除身心疲劳、恢复精力和体力的功效；从艺术性方面分析，它是营造餐厅环境气氛的重要因素之一，处于中心地位，属于空间造型艺术。在餐厅音乐的氛围中，人的思绪或精神自然地跟随旋律的起伏跌宕而浮想联翩，在情感上打破密闭的餐饮空间。

音乐佐餐从表现形式上分，大致有背景音乐和乐师、小乐队表演等；从作品内容上看，可分为轻音乐、古典音乐、爵士乐、摇滚乐、流行乐等。不同类型的餐厅和餐饮场所应根据自身的主题风格及环境气氛营造的具体要求，选择音乐佐餐的表现形式和作品内容。中餐厅宜选用具有中国民间传统特色的音乐，采用古筝、扬琴、琵琶、二胡、笛子等组成的小型民乐团进行现场合奏或独奏，在《春江花月夜》《花好月圆》等名曲中营造一番闲情逸致和良辰美景。法式餐厅通常由小提琴、中音提琴、吉他等组成乐队，也可在宾客餐桌边进行即兴演奏，音乐题材以小夜曲、风情音乐为主，营造出温馨浪漫的情调。咖啡厅以钢琴演奏最为普遍，清新亮丽的旋律在琴师富于变化的手指间灵活地流动，格调高贵典雅。在酒吧及餐饮娱乐场所，流行音乐、爵士乐、摇滚乐等是必不可少的，在富有现代感和震撼感的音乐节奏中，给现代人一个展现情感的空间。在宴会活动中，利用小型乐队和歌手的激情表演，为来宾奉献上一首中外经典名曲和流行歌曲，可以增强音乐气氛表现的现场感，升华音乐佐餐的价值。大型餐饮活动聘请专业的音乐团体，如交响乐团、民乐团、轻音乐团或著名的歌手前来表演助兴，可以产生文化的轰动效应。

（1）背景音乐。背景音乐是餐厅不可缺少的娱乐表现形式。由音乐组成的背景是无形的，它通过声音的传播，作用于人的心理、情感和精神，产生所预期的一种遐思意境，使就餐者精神松弛。背景音乐广泛运用在饭店、餐厅、商场以及休闲公共场所。

背景音乐的表现形式和体裁内容很广泛，只要是音乐，无所不包，一般可分为声乐作品和器乐作品。宴会气氛中所选择的背景音乐区别于饭店日常所播放的背景音乐，它所表现出的民俗风情、自然景色、精神内涵等历史文化渊源都是反映宴会主题的极好素材。同时，背景音乐定位于流行音乐（比如摇滚、民谣、爵士乐等），也能暗示美食消费的新潮时尚。

①轻音乐和宴会的结合塑造了精美的艺术特餐，音乐中有美食，美食中有音乐。进餐过程从头至尾都有乐队演奏，都有音乐相伴。

意大利风情。地中海的浪漫，文艺复兴的辉煌，拿波里的乡情，南欧明媚的阳光，一切都浓缩于拿波里传世的民歌中。《我的太阳》使全人类共同沐浴着爱的阳光，多么辉煌，多么灿烂。《桑塔·露琪亚》，一首来自威尼斯水港的船歌，贡多拉小船载着悠扬的旋律，随清风徐徐荡漾，美食、葡萄酒、拿波里风情音乐、爱情、艺术，在意大利这个充满浪漫与辉煌的国度，共同谱写了永恒的旋律。另外，值得推荐的曲目还有《重归苏连托》、德里戈的《小夜曲》《黎明》《倾心》《美丽的乡村姑娘》等。

美国风情。万马奔腾，西部牛仔的身影，美国精神的象征。马背上的痛饮，最难割舍的还是牧场上的家和家乡青青的草地。"啊！给我一个家吧，在那水牛、羚羊和鹿漫游的地方。那儿终日晴朗，那儿我心情舒畅。"来自田纳西州的乡村歌曲、得克萨斯州的牛仔情歌，是宴会特别的馈赠。推荐曲目:《老橡树上的黄丝带》《故乡之路》《得州的黄玫瑰》《红河谷》《高高的落基山》《苏珊娜》等。

欧陆系列风情。推荐曲目:《蓝色的多瑙河》《维也纳森林的故事》《皇帝圆舞曲》《溜冰圆舞曲》《拉德斯基进行曲》《春之声》《杜鹃圆舞曲》等。

②常见的宴会背景音乐:

江浙沪风味宴会:《紫竹调》《茉莉花》《采茶舞曲》《拔根芦柴花》《太湖美》《姑苏行》《杨柳青》《小小无锡景》《月儿弯弯照九州》等音乐小品，《欢乐歌》《云庆》《慢三元》《中花元》《慢六板》《四合如意》等江南丝竹。

岭南风味宴会:《雨打芭蕉》《旱天雷》《鸟投林》《双声恨》《赛龙夺锦》《平湖秋月》《小桃红》等广东音乐。

巴蜀风味宴会:《太阳出来喜洋洋》《康定情歌》《尖尖山》《槐花几时开》《采衣》等。

北方风味宴会:《小放牛》《走西口》《小白菜》《绣金匾》《山丹丹花开红艳艳》《放风筝》《对花》《蓝花花》等。

闽南宝岛风味宴会:《丢丢铜》《天乌乌》《牛犁歌》《杵歌》等，《外婆的澎湖湾》《乡间的小路》《橄榄树》《踏着夕阳归去》《三月里的小雨》《小茉莉》等台湾校园歌曲,《爱拼才会赢》《浪子的心情》《朋友情》等闽南语流行歌曲。

老上海怀旧风味宴会:根据 20 世纪 20~30 年代大上海的流行歌曲(如《天涯歌女》《何日君再来》《夜来香》《夜上海》《给我一个吻》《花好月圆》《四季歌》等)汇编的轻音乐。

中国春节:《春节序曲》《步步高》《喜洋洋》《新春乐》《金蛇狂舞》《娱乐升平》等。

圣诞节:《平安夜》(Silent Night)、《伟大的时刻》(A Great Moment)、《白色的圣诞》(White Christmas)、《圣诞快乐》(We Wish You A Merry Christmas)、《神圣之夜》(A Holy Night)、《铃儿响叮当》(Jingle Bells)、《银铃》(Silver Bells)等。

③少数民族风味宴会的背景音乐:

维吾尔族:《吐鲁番的葡萄熟了》《阿拉木汗》《掀起你的盖头来》《一枝玫瑰花》《花儿为什么这样红》《达坂城的姑娘》等。

傣族:《吁腊呵》《划龙船》《弥渡山歌》等。

彝族:《阿细跳月》《彝族舞曲》《阿诗玛》等。

藏族:《阿妈勒俄》《埃马木机》《当哩哦》等。

(2)流行乐队。在宴会期间,流行乐队或歌手登台捧场、助兴献艺是宴会餐娱结合最普遍的形式之一。

乐队、歌手演奏或演唱的曲目以流行和经典的中英文金曲为主,内容大多歌唱生活与爱情。流行歌曲旋律优美、节奏鲜明,让忙碌疲惫的都市人放松身心;怀旧老歌任时光流逝,永不褪色。热爱生活的人们在演唱和演奏中都能找到至爱和引起共鸣。

流行乐队表演形式灵活多变,适应性较强,在渲染主题的气氛中造就了乐队表演的现场感,增进了顾客和乐队歌手之间的感情交流。

流行乐队通常由主唱歌手、键盘手、鼓手、贝司手、吉他手组成,根据表演的需要,可在餐厅临时布置一个小舞台,并用活动地板铺设一个小舞池。乐队的形式除了流行乐队以外,还有爵士乐队、摇滚乐队、管弦乐队等。在宴会期间,特邀"美食之乡"的乐队登台献演更能体现浓浓的美食情结。

宴会活动选聘乐队必须遵循和执行我国文化市场管理的有关政策和方针,乐队必须持有文化管理部门颁发的演出许可证,严格遵守饭店的管理制度,积极配合宴会的组织实施计划。餐饮企业必须和乐队签订演出合同,内容涉及演出时间、场次、内容、报酬、台风等,并事先对演出节目进行审定。

2. 歌舞表演

宴会借用歌舞艺术是渲染气氛、吸引顾客的一种较好的手段。歌舞艺术是以舞蹈为主要表现手段，并结合音乐、服饰、戏剧、美术、道具等元素来揭示主题、塑造人物形象的艺术种类。歌舞表演主要有现代舞和民族舞两种形式，随着人们审美层次的不断提高，观赏歌舞表演成为了人们娱乐生活中高层次的享受。宴会活动中安排的歌舞表演并不一定要过分追求舞美的专业化程度，而应注重增添现代餐饮文化气息、渲染美食节气氛。

民族歌舞展现了一个国家和民族独特的艺术修养和精神风貌，并能将民间音乐、民族服饰、民俗风情等有机地浓缩在舞美造型中，表现主题大多为本民族的生活、爱情、历史、宗教，具有很强的吸引力和亲切感。如"云南傣族菜美食宴"可聘请云南傣族的歌舞艺术人员表演傣族音乐、歌舞、风情等，以渲染宴会气氛，增加餐饮活动的吸引力。针对宴会不同的文化主题和底蕴，民族歌舞的献演定能为美食活动锦上添花。

3. 曲艺表演

曲艺表演是流行于中国民间的娱乐表演项目。传统的曲艺表演项目主要有魔术、木偶戏、皮影戏、杂技、武艺、驯兽表演、说书、鼓书、相声、西洋镜、吹糖人、捏面人、剪人头像等。

曲艺表演是中国民间风味美食娱乐活动（如南京夫子庙小吃美食宴、上海城隍庙小吃美食宴、北京天桥小吃美食宴等）的最佳选择。正是夫子庙、城隍庙、天桥浓郁的市井风情孕育了属于中国老百姓的朴实无华的曲艺民间艺术，并使其名扬海内外。曲艺表演从另一方面来讲，也能营造温馨的家庭气氛。

宴会曲艺表演项目的选择必须本着"取其精华，去其糟粕，解放思想，破除迷信，弘扬民间文化"的方针。内容力求健康活泼、短小幽默、富有吸引力，形式采取传统与现代相融，力求操作简单，使现场气氛浓烈高涨，并鼓励顾客充当角色一起参与表演。桌边魔术、木偶戏、皮影戏、相声、评书、滑稽戏、小型杂技、十八般武艺等都是宴会惯用的曲艺表演项目。艺人在宴会上为来宾剪一张人头影像、吹一个小糖人，对于外国友人来讲，这是中国餐饮文化和娱乐相结合的值得纪念的时刻。

4. 时装表演

时装表演是通过时装模特的形体姿态和表演来体现服装整体效果的一种动态展示手段，其形式多种多样。时装表演目前已成为宴会最为流行的娱乐活动之一，无论是带有商业倾向的还是纯粹的服装艺术表演，都充满了现代化都市气息。

欣赏型时装表演的娱乐方式为大多数餐饮企业举办大型宴会活动时采用，在展现新潮流的同时，针对宴会的主题，可以让顾客领略各民族的特色服饰文化和民族歌舞，美食艺术、服饰艺术、歌舞艺术都融于宴会的主题之中。

餐饮与娱乐相结合的途径还有很多，如主题晚会、迪斯科舞会、化装假面舞会、台球表演、飞镖表演等。也可举办一些顾客参与的比赛和活动，例如喝啤酒比赛、吃西瓜比赛、包饺子比赛等。不管选择哪一种娱乐形式，都必须针对宴会的主题，考虑娱乐节目安排的场地和时间、节目所需配备的设施、操作的难易程度、节目的受欢迎程度等，统筹计划，合理安排，做到美食、娱乐相辅相成。

二、宴会服饰设计

在餐饮活动中，服务人员的穿着、仪表及服务过程也是一种动态的环境。在具有中国特色的宴会上，服务小姐身着旗袍，亭亭玉立，落落大方，服务时莺声燕语，营造出一种很幽雅的用餐环境。不同的宴会主题和餐厅环境，服务员的服饰装束也应该有所变化。

服饰是文化的重要组成部分，是组成餐饮文化的一个较突出的项目，因此，很多餐饮企业在服饰着装上动了不少脑筋。举办大型宴会的时候，餐饮企业特别注重和强调服务人员的服装，以衬托和渲染宴会的主题和气氛，让顾客进入餐厅并融入节日的氛围中。尤其是举办地区性和民族性主题的宴会时，服饰文化显得尤为重要。

（一）宴会服饰文化的基本要求

（1）宴会服饰的风格式样必须与宴会的主题和经营方式相吻合，与餐饮场所的气氛相协调。

（2）员工制服的总体要求是端庄、典雅，大方中不失轻松活泼，适当地运用装饰手法，可根据餐厅环境布置而协调变化。服饰图案应素静文雅，或具有典型的民族象征性。

（3）员工制服的式样必须以便于服务操作、提高工作效率为原则。

（4）员工制服必须量体裁衣，与身材相协调，并体现最佳的服务姿态和气质。

（5）员工服饰也是餐饮企业的名片和徽章，是企业形象的重要组成部分。餐饮业是和国际接轨最紧密的行业，因此员工制服也应向国际标准规范靠拢。

（二）宴会服饰的常用款式

整洁统一、美观得体的服饰是提高餐饮经营水准、强化企业形象的重要方面，也是评价餐饮特色水平的依据之一。餐饮企业因宴会的经营特色、服务项目、环境气氛的迥异而赋予了员工服饰各具特色的标志性象征。一般来说，宴会的举办场所不同、主题风格不同，其服饰也有所差别。

1. 中餐厅宴会常用的服饰

服饰的色彩应与餐厅的基本色调一致、协调，多选用庄重、典雅、热烈的色彩，常用的有金黄色、红色、藕色、绿色、紫色及同类色等。款式选用中国传统的民间服饰，一般女装为旗袍、袄裙等，男装为长衫、对襟坎肩等。男性经理制服为深色西服配领带，女性经理制服为深色职业套装配飘带。

2. 西餐厅常用的服饰

高档法式西餐厅的员工服饰庄重、典雅，比较考究，与餐厅整体气氛相协调，色彩以黑色、白色、红色等为主。引宾员一般着西式拖地长裙、白衬衫及与长裙一色的马夹；餐厅服务员为各式紧身西装打领结；酒水服务员一般是黑色或红色马夹背心配西裤，打领结；餐厅经理着深色西服打领结（身着燕尾服则可以更好地体现欧陆情调，渲染进餐气氛）。在咖啡厅的员工服饰色彩比较鲜艳，清新明快，同时注意与总体基本色调相协调：款式精干短小，青春活泼，极富自然气息。女装常用西式短裙且前加一小围兜，瘦的袖子便于操作；男装为马夹背心配西裤，打领结。

3. 其他餐饮场所使用的服饰

餐饮员工服饰既有其共性的一面，也有其个性的一面，这种个性是体现宴会主题经营特色的一个标志。例如，日本菜美食宴，员工着和服、穿布袜、踏木屐是服饰的一个基本特征。从色彩上看，男式和服以黑色或蓝色为主色，象征庄重、严肃；女式和服以白色或红色为主色，象征活泼、纯洁。美国食品节上，如果服务人员身着花格布衣衫、牛仔裤，头戴牛仔帽，脖子围色彩鲜艳的大方巾，足蹬长筒皮靴，则最具美国风味。

主题宴会的员工服饰以半正式晚礼服为基本格调，适宜穿着在各类中西式大型宴会、冷餐会、鸡尾酒会等场合进行餐饮服务。酒吧员工的服饰以深色马夹背心、腰封、西裤、领结最能体现调酒师的特色和风采。灿烂缤纷的服饰文化为设计宴会的服饰提供了丰富的素材，和美食的魅力一样，它在历史的发展长河中将永不褪色。

（三）宴会主题服饰

1. 中国民间乡土服饰

中国民间乡土宴会采用得较多的是蓝印花布服饰。它充满中国民间乡土气息，形成了汉民族独有的艺术格调。蓝印花布题材内容广泛，常见的图案有喜上眉梢（喜鹊、梅花）、狮子滚绣球（节日）、荷花（夫妻和气）、凤凰、牡丹等，寄托了内心的美好理想和善良的愿望。蓝印花布朴素浑厚，弥漫着浓浓的乡情，长期植根于中国老百姓的心中。蓝印花布服饰是中国民间乡土风情主题服饰的最佳选择，选用范围广，常见的有蓝白印花旗袍、袄裙、筒裙等；也可将蓝印花布设计制作成一块小方巾，扎在头上，以增添女性的娇美。蓝印花布还可作为台布、口布、装饰布等布置装饰餐桌台面。除蓝印花布服饰外，可选择的民间服饰还有手绘服饰、蜡染服饰、绣花服饰等。

2. 少数民族宴会服饰

中国是一个多民族的文明古国，除汉族外，还有55个少数民族，其居住地幅员辽阔、物产丰富、风光旖旎、民族风情浓郁。少数民族风味美食节的崛起，为终日深居都市的人们吹来了一股来自塞外边寨的新鲜空气，各具特色的民族节日盛装是少数民族风味美食宴喜用的服饰。

（1）维吾尔族宴会服饰。男子穿齐膝对襟长袍，称为"裕祥"，右衽斜领，无纽扣，用腰带式长方巾系腰，其图案多为条纹。女子穿宽袖连衣衫裙，外罩黑色对襟短坎肩，少女喜将长发梳成十几条小发辫。无论男女老少，都喜爱戴四棱小花帽，称为"尕巴"。烤全羊、羊肉串，香飘四溢；手鼓、冬不拉、红盖头，让人浮想联翩。能歌善舞的维吾尔族姑娘，在传统服饰的装扮下，更显得婀娜多姿、美丽动人。

（2）傣族服饰。男子一般多穿无领对襟或大襟小袖衫，下着长管裤，头戴白布或蓝布包头。西双版纳的傣族女子，多穿浅灰色小背心，外穿大襟或对襟圆领窄袖短衫，下着花色长筒裙，结发于顶，插梳子，喜戴花。还有的把头发打成髻拖于脑后，或稍偏于脑的一侧。竹楼、竹筒饭、孔雀舞、泼水嬉戏和傣族民间服饰，展现了西双版纳充满绿色生机的边寨风情。

（3）蒙古族宴会服饰。蒙古族男女多穿立领、右衽且镶边的长袍，腰间扎有红、黄、绿的绸缎腰带，男女都穿筒靴。男子的左腰带上还挂有刀鞘装饰的小刀。女子还有扎头巾的习惯，扎法多种多样。蒙古族服饰常用云锦图案做装饰。蒙古包、蒙式烧烤、火锅、蒙古服装、摔跤舞，共同构成了蒙古族美食热情豪放、弯弓射大雕的主题。

3. 中国宫廷宴会服饰

常见的中国宫廷宴会有各种皇帝宴以及清代的满汉全席。在举办宫廷宴时，让外宾身着中国古代宫廷服饰，一边欣赏传统宫廷音乐，一边品尝宫廷美食，对外宾理解中国饮食文化将起到极大的推动作用。

（四）外国美食宴服饰

1. 德国 10 月啤酒节服饰

德国民族服饰的特色并不明显，可是有几个地区在服饰方面很有特色，比如巴伐利亚，每当遇到重大的节日和喜庆聚会，特别是在啤酒节上，这里的人们就会穿上自己民族的服装，男子头戴小呢帽，帽子上插一枝羽毛，身穿皮短裤，挂着背带，穿长袜和翻毛皮鞋，上衣外套翻领，颜色多半为墨绿色。女子通常是上衣敞领，束腰，袖口绣有很多花边，她们的裙子类似围裙，色彩鲜艳，以红色、绿色和白色为主。

2. 热带风情美食宴服饰

常见的热带风情服饰有夏威夷衫、波拉衫、草裙、花环等。夏威夷衫、波拉衫以花款奔放、色泽浓艳、充满热带风情而使人陶醉。最流行的有两种：一种是用原色布做软翻领，全开襟短袖衫，大摆左右开衩，前片下方两个口袋（有的左上方一个口袋），花型以大、中型居多，印满全身；另一种类似 T 恤衫，图案多为大海、太阳、椰树、沙滩、鱼龟、帆船等，面料均为轻薄柔软、挺括的梭织物，宽松、飘逸，穿着舒适方便。原汁原味的夏威夷服饰称"马罗"，"马罗"是一种用树皮制成的黄色或红色的布，如大力士那样缠兜裆布般系在腰上的男子装束。草裙是夏威夷年轻女孩的标志性服饰，她们喜欢在鬓间插花，成堆成束，配上颈项上的各种颜色花环，显得美丽绚烂。

3. 美国美食宴服饰

除典型的牛仔装束以外，还可选择印第安人服饰或印有美国国旗图案的服饰作为美国美食宴服饰。印第安人民族服饰称为"战争衫"，图案以花卉为主，其袖边装饰珠球、簇状鬃毛或动物毛皮等，这种战争衫与深色护腿套裤及围裙配套。印第安人的头饰是用鹰的羽毛制成，威武华丽。部落头领的羽毛头饰更为豪华艳丽，称"拱形马鬃"式羽冠。印有美国国旗图案的服饰，是美国国旗意识的体现，其星条图纹和红蓝白三色直接体现了美国美食节的主题。

4. 东南亚美食宴（泰国、印度等）服饰

最具特色的服饰是女子纱丽服。纱丽，有美丽纱布的意思。纱丽，是一块长为 5~8 米的布料，穿时先把布料围在腰际，扞出无数个皱褶，再将布料上端塞入

衬裙内固定，剩下的布端则绕过左肩部或头部。纱丽底色大都是红、枣红、玫瑰红、蓝、中黄等色，其质地从普通棉布到闪光的丝绸都有。

5. 日本美食宴服饰

日本传统服饰是"和服"，也叫"着物"，相传是由我国唐朝一种叫"贯头衣"的服装传到日本后被改制的。和服的特点是领口、腰围宽大，衣袖宽而短，一律不用纽扣，仅以腰带固定；腰带质料讲究，花样繁多，衣料讲究色彩，喜用象征吉祥富贵的佩饰。着和服时必须穿布袜、踏木屐。

6. 韩国烧烤美食宴服饰

韩国人喜欢穿白色服装，故有"白衣民族"之称。韩国民间女子服饰结构简单，一般由袄和裙两部分组成，其最大的特点是贴身短袄和肥长裙，加上色彩、纹饰的搭配，不仅民族特色鲜明，而且优雅大方。

7. 西班牙美食宴服饰

女子服饰宜选用"佛莱孟阿"式服饰，分为连衣短裙和拖地长裙两大类。短裙的上身如紧身胸衣，下裙饰以 3~4 层丰盈的褶边；长裙的褶边坚挺，色彩流行红色。男子服饰为短背心、短夹克、紧身裤，紧身裤与短夹克通常为黑色，与背心的色彩取得协调和谐。

8. 墨西哥美食宴服饰

墨西哥最为传统的民族服饰是男子通常穿短上衣、紧身裤，将白色亚麻的丝巾系于颈间。短上衣上用银扣装饰，下裤外侧缝处用丝绳系成菱形图案。在饰物上，腰带也用银扣，头戴阔边帽，帽四周用银丝带镶边，有时外披彩色羊毛毯。这种服饰称为"恰罗骑士"服。女子服饰为短袖连衣裙式样，类似中国式的公主裙。这种裙子以黑色为底，裙身上下缀有金色花边，胸部四周配有美丽的刺绣，花纹起伏、红绿相间。整个衣裙没有袖子，腰窄而脚部宽大，长可及地。

9. 英国美食宴服饰

最宜采用的服饰是"居尔特"式服装，即花格短裙，尤以男子穿裙最富苏格兰民族特色。典型的英国服饰为穿扦褶的方格绒短裙，披上斗篷，头戴黑毛方冠，左边插上一根洁白的羽毛，腰间配上一个黑白相间的饰袋，穿着白鞋、短毛袜以及长至膝的裤子。这种特色服饰与苏格兰风笛飘扬悠远的乐声一起，展现了英伦三岛恬静的田园风情。

10. 圣诞节美食活动服饰

宜采用圣诞老人、牧羊女的传统服饰，色彩以红色为主，白色镶边，而且红色圆锥形绒球帽是必不可少的装饰。圣诞服饰要给人以温暖热烈的感觉。

根据世界各地、各民族服饰习俗而设计制作餐饮服饰，是宴会服饰设计常用的一种方式。依照餐饮企业服饰的基本要求，有的可以进行仿制，有的必须经过加工处理。可选择样板服饰的一个重点进行修饰，切忌铺张、盲目进行照搬照抄。只有将服饰的装饰性和功能性巧妙地结合起来，才能得到最佳的服饰效果。

本章小结

宴会的设计既是一门科学，又是一门艺术，宴会的设计要求有一定的艺术手法和表现形式，其基本原则就是要因人、因事、因地、因时而异，再按就餐者的心理要求，营造一个与之相适应的和谐统一的气氛。本章系统介绍了宴会环境的布置，宴会台面种类与台型设计、花台艺术设计、展台艺术布置、宴会娱乐设计，重点掌握宴会设计的艺术手法和表现形式，明确宴会对环境布置的要求，培养对各种宴会的场面、氛围、展台、音乐、娱乐、服饰等方面的创意能力和应用能力。

 思考与练习

一、职业能力应知题

1. 宴会设计的基本原则是什么？

2. 宴会对环境布置的要求是什么？

3. 宴会台面设计的基本要求是什么？

4. 花台艺术设计在宴会中的作用是什么？

5. 为什么说正确运用插花技法是宴会花台制作的关键？

6. 为什么展台的类型与布置要求重点推荐宴会的主题？

7. 常见展台的环境布置形式有哪些？

8. 宴会的娱乐内容在餐饮活动中是如何体现的？

9. 宴会台面的种类有哪些？其设计要求是什么？各自有什么特点？

10. 宴会服饰形式与餐饮活动主题的关系是什么？

二、职业能力应用题

1. 结合餐饮工作实际，分析宴会设计中艺术手法和表现形式的相互关系。

2. 联系实际，谈谈宴会娱乐的主要形式和实施方案。

3. 根据所学知识，从美学角度撰写一份宴会设计方案。

参考文献

［1］唐福志.烹饪工艺美术.北京：中国轻工业出版社，2002.

［2］周明扬.烹饪工艺美术.北京：中国轻工业出版社，2000.

［3］周明扬.餐饮美学.长沙：湖南科学技术出版社，2004.

［4］王振声.烹饪工艺美术.北京：中国商业出版社，1995.

［5］田伟.烹饪美术.北京：高等教育出版社，1997.

［6］苏志平.烹饪美学.北京：中国劳动社会保障出版社，2001.

［7］刘晓南.烹饪工艺美术.大连：东北财经大学出版社，2003.

［8］刘耀华.教学菜点.北京：旅游教育出版社，2004.